Vorwort

EINE EINLADUNG

UNSER LEBEN LANG bindet uns die Schwerkraft an die Erde. Bei jedem Schritt haben wir Kontakt zum Erdboden, auch wenn er unter einer Schicht Asphalt oder Dielen verborgen liegt. Manchmal glauben wir, der Schwerkraft entkommen zu können, wenn wir in ein Flugzeug steigen, doch dieses Hochgefühl ist flüchtig, denn nach ein paar Stunden wird die Schwerkraft siegen und wir landen wieder auf der Terra Firma.

Unsere Verbindung mit der Erde geht weit über die Schwerkraft hinaus. Die Nahrung, die wir zu uns nehmen, besteht aus dem Kohlendioxid in der Atmosphäre oder den Ozeanen sowie aus Wasser und Nährstoffen aus dem Boden oder aus dem Meer. Bei jedem Atemzug saugen wir sauerstoffhaltige Luft in unsere Lunge, was uns dabei hilft, unsere Mahlzeiten in Energie umzuwandeln. Gleichzeitig verhindert das Kohlendioxid in der Atmosphäre, dass wir erfrieren. Darüber hinaus kommen der Stahl der Kühlschranktür, das Aluminium in den Blechdosen, das Kupfer im Kleingeld und die seltenen Erdmetalle im Smartphone aus der Erde. Es ist erstaunlich, wie wenig Menschen sich angesichts all dessen für diese großartige Kugel interessieren, die uns ernährt und – bei Erdbeben oder Wirbelstürmen – auch in große Gefahr bringt.

Wie können wir das Verhältnis der Erde zum Universum verstehen? Wie entstanden die Felsen, die Luft und das Wasser, die unsere Existenz definieren? Wie erklären wir unsere Kontinente, Berge und Täler, die Erdbeben und Vulkane? Was bestimmt die Zusammensetzung der Atmosphäre oder des Meereswassers? Und was führte zu der immensen Vielfalt an Leben überall um uns herum? Die wichtigste Frage ist vielleicht die, wie unsere eigenen Handlungen die Erde und das Leben an sich beeinflussen. Diese Fragen betreffen teilweise einen laufenden Prozess, aber es sind auch geschichtliche Untersuchungen. Diese sollen den Rahmen dieses Buches bilden.

Es ist die Geschichte unserer Heimat, der Erde, und der Organismen, die sich auf ihrer Oberfläche befinden. Alles an der Erde ist dynamisch und ständig in Veränderung, trotz des allgemeinen, aber falschen Eindrucks von Beständigkeit. In Boston in den USA herrscht zum Beispiel ein gemäßigtes Klima mit warmen Sommern und kalten Wintern sowie moderaten Niederschlagsmengen, die sich mehr oder weniger gleichmäßig über das Jahr verteilen. Die Jahreszeiten sind vorhersehbar, und wenn man wie ich schon seit ein paar Jahrzehnten dabei ist, bekommt man das Gefühl, alles schon einmal gesehen zu haben. Die Meteorologen werden einem hingegen erzählen, dass die jährliche mittlere Temperatur in Boston während der Lebensspanne der älteren Bewohner um über 0,6 Grad Celsius angestiegen ist. Wir wissen auch, dass die Menge an Kohlendioxid in der Atmosphäre – die maßgeblich zur Regulierung der Oberflächentemperatur beiträgt – seit den 1950er-Jahren um etwa ein Drittel gestiegen ist. Außerdem weisen Messungen nach, dass der Meeresspiegel weltweit ansteigt und dass der Sauerstoffgehalt der Meere seit dem kometenhaften Aufstieg der Beatles um etwa 3 Prozent gesunken ist.

Mit der Zeit summieren sich die kleinen Veränderungen. Ein Flug von Boston nach London wird jedes Jahr um 2,5 Zentimeter länger, da ein neuer Meeresboden Nordamerika und Europa langsam auseinandertreibt. Könnten wir das Band rückwärts abspielen, würden wir sehen, dass Neuengland im Nordosten der USA und Großbritannien vor 200 Millionen Jahren Teile eines einzigen Kontinents waren, der von tiefen tektonischen Tälern durchzogen war, wie man sie jetzt im östlichen Afrika sieht, wo sie ein Meeresbecken zu bilden beginnen. Auf der längsten Zeitschiene gemessen, sind die Veränderungen auf der Erde wirklich massiv. Hätte man sich zum Beispiel auf der frühen Erde herumgetrieben, wäre man in der sauerstofffreien Atmosphäre unseres Planeten schnell erstickt.

Die Geschichte der Erde und ihrer Organismen ist weitaus großartiger als jeder Hollywood-Blockbuster. Die Wendungen in ihrem Plot haben das Potenzial zu einem Bestseller-Thriller. Vor mehr als vier Milliarden Jahren bildete sich aus den felsigen Trümmern, die einen bescheidenen jungen Stern umkreisten, ein kleiner Planet. In ihren frühen Jahren stand die Erde ständig am Rande der Katastrophe, da sie permanent von Kometen und Meteoriten bombardiert wurde, während die Oberfläche von brodelnden Magmameeren bedeckt war und die Atmosphäre aus toxischen Gasen bestand. Kontinente entstanden, nur um gleich wieder auseinandergerissen zu werden und später zu kollidieren, wodurch sich spektakuläre Gebirge bildeten, von denen die meisten wieder verschwunden sind. Es gab Vulkane, die eine Million Mal größer waren als alles, was wir Menschen je gesehen haben. Es gab Kreisläufe globaler Eiszeiten. Zahllose Welten, die wir gerade erst zu entdecken versuchen, gingen unter. Und irgendwann während dieser dynamischen Phase fasste das Leben hier Fuß und veränderte schließlich die Oberfläche unseres Planeten, um den Weg zu bereiten für Trilobiten, Dinosaurier und eine Spezies, die sprechen, reflektieren, Werkzeuge herstellen und letztendlich die Welt erneut verändern kann.

Wenn wir die Geschichte der Erde verstehen, dann können wir erfassen, wie die Berge, Meere, Bäume und Tiere um uns herum entstehen konnten, ganz zu schweigen von Gold, Diamanten, Kohle, Öl und der Luft, die wir atmen. Dabei bietet uns die Geschichte unserer Erde den Kontext, um zu verstehen, wie die menschlichen Handlungen die Welt im 21. Jahrhundert verändern. Während des größten Teils seiner Geschichte war unser Heimatplanet für Menschen unbewohnbar, und eine der nachhaltigsten Lektionen in Geologie ist die Erkenntnis, wie flüchtig, wie fragil und wie kostbar unser kurzer Augenblick hier ist.

Heutzutage scheinen Schlagzeilen gerne aus dem Buch der Offenbarung entlehnt zu sein: nie da gewesene Waldbrände in Kalifornien, der Amazonas in Flammen, Hitzerekorde in Alaska und immer schneller schmelzende Gletscher in Grönland, heftige Hurrikans, die die karibische und die Golfküste heimsuchen, während Jahrhundertfluten den amerikanischen Mittleren Westen mit steigender Regelmäßigkeit unter Wasser setzen. Chennai, die sechstgrößte Stadt Indiens, leidet unter Wassermangel, gefolgt von Kapstadt und São Paulo. Die Biologie hat keine besseren Nachrichten zu vermelden: Seit 1970 ist die Vogelpopulation in Nordamerika um 30 Prozent zurückgegangen, die Insektenpopulation hat sich halbiert, das Great Barrier Reef leidet unter massiver Korallensterblichkeit, der Bestand an Elefanten und Rhinozerossen schrumpft und weltweit ist der kommerzielle Fischfang bedroht. Ein Rückgang der Population ist zwar noch nicht gleichbedeutend mit Aussterben, aber es ist eine Abwärtsspirale, auf der sich die Spezies auf ihrem Weg zum biologischen Endspiel befinden.

Läuft die Welt Amok? Kurz gesagt: Ja. Und wir wissen auch, warum. Wir selbst sind die Schuldigen. Es sind die Menschen, die Treibhausgase in die Atmosphäre blasen und die Erde so nicht nur aufheizen, sondern sowohl Frequenz als auch Ausmaß der Hitzewellen, Dürren und Stürme erhöhen. Und es sind die Menschen, die andere Spezies durch die veränderte Nutzung des Landes, übermäßige Ausbeutung und den zunehmenden Klimawandel an den Rand des Aussterbens bringen. Angesichts dessen ist die deprimierendste Meldung von allen die Reaktion darauf, die weitgehend aus Ignoranz besteht, vielleicht besonders in meinem Heimatland, den Vereinigten Staaten.

Warum tun so viele Menschen so wenig angesichts der Veränderungen unseres Planeten, die das Leben unserer Enkel betreffen werden? 1968 fand Baba Dioum, ein senegalesischer Ranger, eine recht passende Antwort darauf. »Letztendlich«, sagte er, »werden wir nur das bewahren, was wir lieben, und wir werden nur das lieben, was wir verstehen. Und wir verstehen nur das, was man uns beibringt.«

Dieses Buch soll den Versuch darstellen, zu verstehen. Es ist eine Einladung, die lange Geschichte kennenzulernen, die unseren Planeten dorthin gebracht hat, wo er jetzt ist. Es ist eine Aufforderung, einzusehen, wie sehr die menschlichen Aktivitäten eine Welt verändern, die im Laufe von vier Milliarden Jahren entstanden ist. Und eine Herausforderung, etwas dagegen zu unternehmen.

1

Chemie

WIE MAN EINEN PLANETEN MACHT

AM ANFANG WAR ... nun ja ... ein Punkt, ein Fleck, unglaublich klein, aber auch unglaublich dicht. Es war keine konzentrierte Masse in der unendlichen Weite des Universums. Es *war* das Universum. Wie es dorthin gekommen ist, weiß keiner.

Was zuvor kam, wenn es da überhaupt je etwas gegeben hat, ist ebenso mysteriös, aber vor ungefähr 13,8 Milliarden Jahren begann sich dieser anfängliche Kern des Universums schnell auszudehnen – es kam zu einem »Urknall«, der eine ungeheure Welle von Energie und Materie nach außen verströmte. Es waren nicht die Steine und Mineralien, die wir in unserem Leben kennen, nicht einmal die Atome, aus denen Steine, Luft und Wasser zusammengesetzt sind. Am Beginn des Universums bestand Materie aus Quarks, Leptonen und Gluonen, einer seltsamen Mischung von subatomaren Partikeln, die sich schließlich zu Atomen zusammenschließen sollten.

Unser Verständnis des Universums und seiner Geschichte stammt hauptsächlich aus der flüchtigsten aller Quellen: dem Licht. Die Leuchtpünktchen am Himmel, die den Nachthimmel bilden, scheinen als Geschichtsbücher ungeeignet, aber zwei Eigenschaften des Lichts können uns helfen, zu verstehen, wie das Universum entstanden ist. Zum einen deutet die Intensität der verschiedenen Wellenlängen bei der ankommenden Strahlung auf die Zusammensetzung der Lichtquelle hin. Unsere Augen können nur einen kleinen Bereich der Wellenlängen erfassen, doch Sterne und andere Himmelskörper verbreiten oder absorbieren ein breites Spektrum an Strahlung, von Funk- und Mikrowellen bis zu Röntgen- und Gammastrahlen, von denen jede eine Geschichte zu erzählen hat. Und was noch wichtiger ist: Für das Licht gilt eine strikte Geschwindigkeitsbeschränkung: 299 792 458 Meter pro Sekunde oder 1 079 252 849 Stundenkilometer. Sonnenlicht wird acht Minuten und zwanzig Sekunden bevor wir es sehen, ausgestrahlt, und von Sternen und weiter entfernten Himmelskörpern ging das Licht, das wir hier aufzeichnen, noch viel früher aus – sehr viel früher bei den entferntesten Objekten. Das macht unseren Sternenhimmel zu einem himmlischen Geschichtsbuch.

Gleichmäßig über den Himmel verteilte Mikrowellen sprechen vom Urknall und seinen direkten Folgen. Die Strahlung der ersten Generation von Sternen, die sich ein paar Hunderttausend Jahre nach Beginn der Zeit bildeten, erreicht uns gerade erst. Wie entstanden diese ersten Sterne? Es hat alles mit der Schwerkraft zu tun, der Architektin des Universums. Die Schwerkraft beschreibt die Anziehungskraft zwischen unterschiedlichen Objekten, wobei die Stärke der Anziehung von der Masse der Objekte und ihrer Entfernung voneinander abhängt. Als sich in der ersten frühen Ausdehnungsphase des Universums Atome bildeten, wurden sie durch die Schwerkraft zueinandergezogen. Kleine Ansammlungen wuchsen und verstärkten die Anziehungskraft. Gelegentlich fielen sie in kleine, heiße, dichte Bälle zusammen, so heiß und so dicht, dass Wasserstoffkerne verschmolzen und Helium bildeten, das Licht und Hitze ausstrahlte. Wenn das passiert, entsteht ein Stern. Diese anfänglichen Sterne waren groß, heiß und kurzlebig, aber sie setzten den Kurs für alles, was später kam, einschließlich uns.

Die vom Urknall generierte Masse bestand hauptsächlich aus Wasserstoffatomen, dem einfachsten Element, sowie etwas Deuterium (Wasserstoff mit einem zusätzlichen Neutron) und Helium. Auch ein winziges bisschen Lithium entstand sowie kleinere Mengen anderer leichter Elemente. Aber sonst gab es nicht viel. Ehrlich gesagt gab es doch noch etwas, aber wir wissen nicht genau, was das ist. In den 1950er-Jahren begannen Astronomen die Bewegungen von Sternen und Galaxien (Ansammlungen von Sternen, Gas und Staub, die wiederum durch die Schwerkraft zusammengehalten werden) zu nutzen, um die Massenanziehungskraft im fernen Weltraum zu berechnen. Doch als sie die Masse aller bekannten Objekte am Himmel zusammengezählt hatten, stellten sie fest, dass die Summe nicht mit ihren Beobachtungen übereinstimmte. Es musste da draußen noch etwas geben, etwas, das mit normaler Materie durch Schwerkraft interagiert, aber nicht mit Licht. Die Astronomen nannten es Dunkle Materie. Sie vermuten zwar, was es sein könnte, aber niemand ist sich ganz sicher. Noch mysteriöser ist Dunkle Energie, die man ebenfalls für die Vorgänge im Universum für notwendig hält. Man glaubt, dass Dunkle Materie und Dunkle Energie gemeinsam etwa 95 Prozent all dessen ausmachen, was existiert, rätselhafte Komponenten, die wir nicht ausmachen können, die aber wohl einen entscheidenden Anteil an der Entstehung des Universums hatten. Wir haben noch viel zu lernen.

Kehren wir zurück zur konventionellen Materie. Als das Zeitalter des Sternenlichts begann, war das Universum ein kalter, diffuser Cocktail aus (hauptsächlich) Wasserstoffatomen. Frühe Sterne erzeugten mehr Helium, aber es gab nichts, aus dem man die Erde hätte machen können (siehe Tabelle auf der nächsten Seite). Woher kamen das Eisen, das Silizium und der Sauerstoff, aus dem unser Planet zusammengesetzt ist? Und was ist mit Kohlenstoff, Stickstoff, Phosphor und anderen Elementen, aus denen unser Körper besteht? Diese und alle anderen Elemente stammen aus aufeinanderfolgenden Generationen von Sternen, den Geburtsstätten der Atome, die eines Tages unseren Planeten bilden sollten. Bei den hohen Temperaturen und dem Druck in großen Sternen verschmolzen die leichten Elemente zu Kohlenstoff, Sauerstoff, Silizium und Kalzium, während Eisen, Gold, Uran und andere schwere Elemente bei den gigantischen Sternenexplosionen entstanden, die man Supernova nennt. Das Gesicht, das man im Spiegel sieht, ist vielleicht nur ein paar Jahrzehnte alt, aber es besteht aus Elementen, die sich vor Milliarden von Jahren in alten Sternen bildeten.

Im Laufe unendlich langer Zeit bildeten sich Sterne und starben wieder, und bei jedem Zyklus kamen neue Elemente zu dem Inventar hinzu, das heute die Erde und das Leben ausmacht. Galaxien verschmolzen, und

DIE ELEMENTARE ZUSAMMENSETZUNG DER ERDE UND DES LEBENS
(in Prozent, nach Gewicht)

Erde	
Eisen	33
Sauerstoff	31
Silizium	19
Magnesium	13
Nickel	1,9
Kalzium	0,9
Aluminium	0,9
Sonstiges	0,3
Zellen im menschlichen Körper	
Sauerstoff	65
Kohlenstoff	18
Wasserstoff	10
Stickstoff	3
Kalzium	1,5
Phosphor	1
Sonstiges	1,5

schwarze Löcher (Gebiete von so hoher Dichte, dass kein Licht daraus hervorkommen kann) entstanden und bildeten langsam, aber sicher das Universum, wie wir es heute kennen.

Wir beginnen mit unserer Geschichte vor etwa 4,6 Milliarden Jahren und konzentrieren uns auf eine bescheidene Wolke von Wasserstoffatomen mit einem kleinen Anteil von Gas, Eis und Mineralkörnchen in einem spiralförmigen Arm einer unscheinbaren Galaxie namens Milchstraße. Zuerst war die Wolke groß, diffus und kalt (richtig kalt, mit Temperaturen von -270 bis -250 Grad Celsius. Diese Wolke begann, wahrscheinlich infolge einer Supernova in der Nähe, in sich zusammenzufallen und sich zu einem weit kleineren und heißeren Nebel zu verdichten. Wie schon Milliarden Mal zuvor im Universum sammelte sich durch die Schwerkraft der größte Teil der Wolke in einer heißen, dichten, zentralen Masse – unserer Sonne. Der meiste Wasserstoff des Nebels sammelte sich in der Sonne, doch Eis und Mineralpartikel sonderten sich ab und rotierten als Scheibe um den jungen Stern, entfernt ähnlich wie die Ringe kleiner Partikel, die heute den Saturn umgeben (siehe Abbildung 1). Zunächst war diese Scheibe so heiß, dass die Mineralien und das Eis verdampften. Doch im Laufe von ein paar Millionen Jahren kühlte sie sich ab, am äußeren Rand schneller und näher an der Sonne langsamer.

Aus unserer täglichen Erfahrung wissen wir, dass unterschiedliche Substanzen bei unterschiedlichen Temperaturen schmelzen oder kristallisieren. So wird Wasser zum Beispiel auf der Erdoberfläche bei 0 Grad Celsius zu Eis, während erst bei wesentlich tieferen Temperaturen (-78,5 Grad

Abb. 1 Dieses außergewöhnliche Bild, aufgenommen vom Teleskop-Observatorium Atacama Large Millimeter Array, zeigt HL Tauri, einen sonnenartigen jungen Stern, und seine protoplanetarische Scheibe. Die Ringe und Lücken auf dem Bild zeigen entstehende Planeten, wenn sie ihren Orbit von Staub und Gas reinigen. Vor etwa 4,54 Milliarden Jahren sah unser eigenes Sonnensystem wahrscheinlich ganz ähnlich aus.

Celsius) aus Kohlendioxid Trockeneis wird. Auf dieselbe Weise kristallisieren auch die Mineralien im Gestein aus ihren flüssigen Vorläufern bei Temperaturen, die sich um bis zu 1000 Grad Celsius unterscheiden. Aus diesem Grund kristallisierten die unterschiedlichen Materialien bei der Abkühlung der Planetenscheibe zu unterschiedlichen Zeiten und an bestimmten Orten, abhängig von ihrer Entfernung zur Sonne, zu festen Körpern. Zuerst bildeten sich Oxide von Kalzium, Aluminium und Titan, dann metallisches Eisen, Nickel und Kobalt, und erst später, hinter der sogenannten Frostlinie, einem bestimmten Abstand von der Sonne, kamen die Eisformen von Wasser, Kohlendioxid, Kohlenmonoxid, Methan und Ammonium dazu – die Materialien von Wasser, Luft und Leben. Mineral- und Eisstücke prallten aufeinander und bildeten größere Partikel, die sich wiederum zu noch größeren Einheiten zusammenschlossen. Nur ein paar Millionen Jahre später war von der ursprünglichen rotierenden Scheibe nur noch eine Handvoll großer sphärischer Strukturen übrig. Der »dritte Felsen von der Sonne« war die Erde, eine steinige Masse, die die Sonne in einer Entfernung von etwa 150 Millionen Kilometern umkreiste.

Wie genau nahm die Erde Gestalt an und was wissen wir über ihre frühe Kindheit? So wie das Licht die Geschichte des Universums aufzeichnet, so erzählt das Gestein die Geschichte unserer Erde. Sieht man in den Grand Canyon oder bewundert die Gipfel um den Lake Louise herum, so betrachtet man die Bibliothek der Natur, in der die Bände der Erdgeschichte präsentiert stehen, in Stein gemeißelt. Sedimente – Steine, Sand oder Schlamm aus der Erosion früheren Gesteins oder ausgeschwemmter Sandstein – lagern sich auf Überflutungsgebieten oder auf dem Meeresboden ab und zeichnen Schicht für Schicht die physikalischen, chemischen und biologischen Merkmale der Planetenoberfläche zur Zeit ihrer Ablagerung auf. Magmagestein – aus dem geschmolzenen Material im Inneren der Erde – erzählt uns ebenso etwas vom dynamischen Innenleben des Planeten wie die metamorphen Gesteine, die bei hohen Temperaturen und unter dem Druck tief im Inneren der Erde aus Sedimenten oder vulkanischen Vorläufern gebildet wurden. Gemeinsam liefern diese Gesteine die große Erzählung der Entwicklung der Erde von ihrer Jugend bis zur Reife oder der Evolution des Lebens vom Bakterium zum Menschen und – vielleicht die größte Geschichte von allen – davon, wie die physikalische und die biologische Erde einander im Laufe der Zeit beeinflusst haben. Nach vierzig Jahren als Geologe staune ich noch immer darüber, dass die Klippen an der Küste von Dorset in Südengland ein Bild der Erde zeichnen, wie sie vor 180 Millionen Jahren ausgesehen hat. Und wie wir sehen werden, ist das Gestein, das von der Erde und dem Leben vor Milliarden von Jahren erzählt, noch interessanter.

Sieht man sich die imposanten Gipfel in den Rocky Mountains oder in den Alpen an, gerät ein weiterer Aspekt der Erdgeschichte ins Blickfeld. Die zahnartigen Gebilde spiegeln nicht Ablagerungen wider, sondern entstanden ganz im Gegenteil durch Erosion, durch physikalische und chemische Prozesse, die Felsen abtragen und ihre Geschichte ausradieren. Die Erde schreibt ihre Geschichte mit einer Hand und radiert sie mit der anderen wieder aus, und je weiter wir in der Zeit zurückgehen, desto mehr wurde wegradiert. Unser Planet entstand vor ungefähr 4,54 Milliarden Jahren, aber die ältesten bekannten Gesteine sind erst 4 Milliarden Jahre alt. Es muss noch älteres Gestein gegeben haben, aber entweder wurde es aufgerieben oder es wurde begraben und durchlief Metamorphoseprozesse, die es unkenntlich machten. Vielleicht gibt es noch einiges in den entlegensten Gebieten von Kanada oder Sibirien, das darauf wartet, entdeckt zu werden, aber im Großen und Ganzen sind die ersten 600 Millionen Jahre unserer Erdgeschichte das dunkle Zeitalter des Planeten.

Wie können wir ohne historische Aufzeichnungen die Kindheit der Erde rekonstruieren? Wie sich zeigt, gibt es Back-up-Kopien, die sozusagen außerhalb gelagert werden. Bei diesen fraglichen Felsen handelt es sich um Meteoriten, steinerne Überbleibsel des frühen Solarsystems, die gelegentlich auf die Erde fallen. Die Gewissheit, dass die Erde und weitere Planeten vor 4,5 Milliarden Jahren entstanden, stammt aus den geologischen »Uhren«, die in den Mineralien dieser besonderen Steine enthalten sind. (Auf die Datierung der Erdgeschichte wird später noch eingegangen.) Manche Meteoriten, die man auch Chondriten nennt, bestehen aus runden, millimetergroßen Granulaten namens Chondren, in denen angeblich die winzigen Partikel enthalten sind, die beim Zusammenprall während der frühesten Phase der Planetenbildung größere Einheiten bildeten (siehe Abbildung 2). Diese Ansicht wird durch das sorgfältige Studium der Chondren-Zusammensetzung aus Kalzium-, Aluminium- und Titan-

Abb. 2 Der Allende-Meteorit, ein kohlenstoffhaltiger Chondrit, der 1969 auf die Erde traf. Die runden Körner darin sind Chondren, Steinkugeln, die sich früh in der Geschichte unseres Sonnensystems bildeten und sich zu größeren Körpern zusammenschlossen, bis sie letztendlich die inneren Planeten des Sonnensystems bildeten, einschließlich der Erde. Kohlenstoffhaltige Chondriten enthalten sowohl Wasser als auch organische Moleküle, die Materien, die schließlich in unserer Atmosphäre, in den Meeren und im Leben endeten. Der Block daneben hat eine Kantenlänge von 1 Zentimeter.

mineralien unterstützt, die als Erste kondensierten, als sich die Sonnenscheibe abzukühlen begann, sowie aus seltenen Körnchen, die von einer Supernova in der Nähe ausgestoßen und bei der Bildung des Sonnensystems später aufgenommen wurden. Chondrische Meteoriten bewahren nicht nur direkte Aufzeichnungen des frühen Sonnensystems, ihre chemische Zusammensetzung lässt auch vermuten, dass sie die grundlegenden Materien enthalten, aus denen sich die Erde selbst bildete.

Nach ein paar Millionen Jahren hatten sich die meisten Gesteins- und Eisklumpen um unsere Sonne herum zu Planeten zusammengesammelt. Der herkömmlichen Ansicht nach vereinigten sich Staubkörner zu größeren Steinchen, die sich zu noch größeren Klumpen zusammentaten und schließlich Planetesimale bildeten, Gesteinsformationen mit mehreren Kilometern Durchmesser, wie die Asteroiden, die man heute in den Orbits von Mars und Jupiter findet. Eine andere Hypothese geht davon aus, dass sich kieselgroße Partikel gleich zu planetenartigen Gebilden zusammenfanden. Auf jeden Fall blieben zum Ende der Verschmelzungsphase nur etwa einhundert Brocken übrig, die in der Größe zwischen dem Mond und dem Mars lagen. Aus der Verschmelzung dieser Körper entstanden schließlich die Planeten unseres Sonnensystems. Ein derartiger Zusammenstoß hatte große Auswirkungen auf unsere zukünftige Heimat. Ein paar Dutzend Millionen Jahre nachdem die Erde fast fertig war, rammte ein etwa marsgroßer Himmelskörper unseren jungen Planeten und schoss Gestein und Gas in den Weltraum. Ein Großteil des abgesprengten Materials sammelte sich schließlich in einem relativ kleinen felsigen Ball, der in einer permanenten Umlaufbahn um die Erde kreist. So poetisch der Vollmond auch sein mag, er ging aus Gewalt hervor und seine Geheimnisse wurden durch sorgfältige Untersuchungen von Mondgestein entschlüsselt.

Die Erde ist ein Gesteinsbrocken mit einem Durchmesser von 12 746 Kilometern auf Höhe des Äquators. (Genau genommen ist unser Planet nicht ganz eine Kugel, sondern wölbt sich durch die Fliehkraft der Rotation am Äquator etwas nach außen und ist an den Polen abgeflacht.) Wenn man die Erde halbiert (was in der Praxis eher nicht empfehlenswert ist), stellt man fest, dass sie nicht homogen, sondern in konzentrischen Schichten angelegt ist, wie ein hart gekochtes Ei (siehe Abbildung 3). Dabei stellt der Kern das Eigelb dar, ein heißer, dichter innerer Körper, der etwa ein Drittel der Masse unseres Planeten ausmacht. Er besteht hauptsächlich aus Eisen, etwas Nickel und etwa 10 Prozent leichteren Elementen wie wahrscheinlich Wasserstoff, Sauerstoff, Schwefel und/oder Stickstoff. »Wahrscheinlich« deshalb, weil, bei allem Respekt für Jules Verne, bislang noch nie jemand zum Mittelpunkt der Erde gereist ist, um Proben zu entnehmen. Die von Erdbeben ausgelösten Energiewellen fungieren in etwa wie CT-Scanner in einem Krankenhaus, und die Art, wie diese Wellen im Inneren des Planeten übertragen, reflektiert, gebrochen oder absorbiert werden, sagt etwas über die Dimension und die Dichte des Kerns aus. Letztere fordert, dass der Kern hauptsächlich, aber nicht ausschließlich aus Eisen besteht. Laborversuche und Berechnungen deuten auf eine Mischung von leichten Elementen wie den oben genannten hin, die zur beobachteten Dichte passt, doch die genaue Zusammensetzung bleibt unbekannt, da keine Komposition eine eindeutige Lösung des Problems bietet. Der innere Kern – ein Ball mit 1226 Kilometern im Radius – ist solide, während der äußere Kern (etwa 2260 Kilometer dick) flüssig ist und sich in einer langsamen Konvektionsströmung bewegt, wobei dichtes Material sich am Grunde erhitzt und aufsteigt, um schließlich wieder abzukühlen und nach unten zu sinken. Diese Bewegung im äußeren Kern bildet einen elektrischen Dynamo, der das Magnetfeld der Erde erzeugt. Vielleicht denkt man nicht täglich an das Magnetfeld, aber man sollte für seine Existenz dankbar sein. Es verhindert, dass Sonnenwinde (ein Energiestrom von aufgeladenen Sonnenpartikeln) unsere Atmosphäre zerstören, und lässt nützlicherweise Kompassnadeln in (ungefähr) nördliche Richtung zeigen.

Der Erdmantel – das Weiß unseres planetarischen Eis – umgibt den Kern. Er macht etwa zwei Drittel der Masse unseres Planeten aus und besteht hauptsächlich aus Silikatmineralien – Mineralien, die reich an Siliziumdioxid sind (SiO_2 – Quarz in seiner kristallinen Reinform), sowie aus Magnesium und geringeren Mengen von Eisen, Kalzium und Aluminium. Auch hier stammt unser Wissen von den Energiewellen der Erdbeben, unterstützt von Laborversuchen. Allerdings tut uns die Erde gelegentlich den Gefallen, Teile des Erdmantels an die Oberfläche zu bringen. Diamanten sind dabei besonders geschätzte Boten aus der Tiefe. Die harten Klumpen aus reinem Kohlenstoff bildeten sich 160 Kilometer unter der Erdoberfläche und werden mit dem Magma, der flüssigen Quelle von Lava, und anderem Vulkangestein an die Oberfläche transportiert. Lorelei Lee behauptet zwar, Diamanten seien die besten Freunde eines Mädchens, aber sie sind auch die Freunde der Geologen, da sie normalerweise winzige Einsprengsel des Erdmantelmaterials enthalten, das man im Labor untersuchen kann.

Der Erdmantel ist solide, doch über lange Zeit gesehen befindet er sich in einem steten Umwälzungsprozess. Wie genau das dreidimensionale Muster der Zirkulation im Mantel aussieht, wird noch diskutiert, ebenso wie die Frage, ob alle Teile des Mantels Vulkangestein produzieren, das an die Oberfläche steigt. Einig sind sich die Geologen jedoch darüber, dass die teilweise Verflüssigung des Mantelgesteins die am besten zugängliche Schicht der Erde, die Kruste, entstehen ließ.

Die Kruste macht weniger als 1 Prozent der Erdmasse aus – in unserer Ei-Analogie ist sie die Schale. Sie ist die einzige Schicht, in die wir Einblick haben und von der wir Proben nehmen können, die uns einen ungeheuren Schatz an Wissen liefern. Die Kontinente bestehen aus Kruste mit Quarz (SiO_2) und Feldspatmineralien, die reich an Natrium und Kalium sind, wie sie typischerweise im Granit der White Mountains von New Hampshire oder in der Sierra Nevada vorkommen, deutlich sichtbar in den tiefen Einschnitten im Yosemite-Nationalpark. Unter den Meeren sieht die Erdkruste anders aus und besteht aus Basaltgestein wie dem, das von den Vulkanen auf Hawaii ausgespuckt wird. Es enthält kalzium- oder natriumreiche Feldspatmineralien, aber kein Quarz. Die Kontinentalkruste ist dicker und auch dichter als die Kruste unter den Ozeanen, wodurch sie über der ozeanischen Schicht »schwimmt« wie Eiswürfel in einem kühlen Drink. Tatsächlich liegt es daran, dass sich das Wasser auf der Erdoberfläche an den topografischen Tiefpunkten sammelt, dass die Basaltkruste hauptsächlich unter den Meeren liegt.

Wie entstanden die einzelnen Erdschichten? Man könnte sagen, dass sie die aufeinanderfolgenden Ansammlungen der verschiedenen Materialien bei der Entstehung des Planeten widerspiegeln, doch diese These lässt sich durch viele physikalische und chemische Beobachtungen widerlegen. Daher gehen die meisten Wissenschaftler davon aus, dass die Hitze der fortwährenden Kollisionen und der Zerfall radioaktiver Isotope während des Wachstums der Erde den Planeten schmelzen ließ.

ELEMENTE, ISOTOPE UND CHEMISCHE KOMPONENTEN

Die Elemente sind die Grundbausteine chemischer Stoffe, deren Eigenschaften von der Anzahl ihrer Protonen und Elektronen definiert wird. Kohlenstoff verbindet sich zum Beispiel in bestimmten Mustern mit anderen Elementen, weil er sechs Protonen und sechs Elektronen hat. Sauerstoff unterscheidet sich davon, weil er acht Protonen und acht Elektronen hat. Die Periodentafel der Elemente, die stolz in den Klassenzimmern auf der ganzen Welt präsentiert wird, stellt eine systematische Ordnung der 118 bekannten Elemente dar und zeigt, wie die Protonen und Elektronen die chemischen Verbindungen und damit auch ihre Verbreitung in der Natur festlegen.

Alle Kohlenstoffatome haben sechs Protonen und sechs Elektronen, doch die Anzahl der Neutronen ist variabel. Die meisten (etwa 99 Prozent) der Kohlenstoffatome sind Carbon-12-Atome (^{12}C) und enthalten sechs Neutronen und sechs Protonen, was zusammen ein Atomgewicht von 12 ausmacht (wonach das Wasserstoffatom mit 1 definiert wird). Etwa 1 Prozent der Kohlenstoffatome haben jedoch ein zusätzliches Neutron und ein Atomgewicht von 13. Und in jeder Billiarde kommen ein paar Kohlenstoffatome mit acht Neutronen und einem Atomgewicht von 14 vor. Carbon-14 ist bekannt, weil es eine besondere und vor allem besonders nützliche Eigenschaft hat: Es ist radioaktiv. Radioaktive Isotope sind instabil und zerfallen im Laufe der Zeit zu stabileren Tochteratomen. Carbon-14 wird spontan zu Stickstoff-14. Im Labor kann man die Geschwindigkeit dieses Zerfalls messen. So wird die Hälfte des ^{14}C innerhalb von 5730 Jahren zerfallen (Halbwertszeit). Dadurch wird ^{14}C zu einem wertvollen Zeitmesser in der archäologischen Forschung. Doch nach einigen Zehntausend Jahren ist in einer Probe nicht mehr genug ^{14}C für verlässliche Messungen vorhanden, daher muss man sich nach anderen Isotopen umsehen, besonders nach denen von Uran, um die älteste Geschichte der Erde zu datieren.

Während die Anzahl von Protonen und Elektronen die Identität eines Elements ausmacht und damit die Art der chemischen Reaktion bestimmt, an der es beteiligt ist, beeinflusst das Gewicht der Isotope die Rate, mit der die Reaktionen stattfinden, und die radioaktiven Isotope einer Reihe von Elementen stellen die Werkzeuge zur Datierung der Erdgeschichte dar. Wie sich noch zeigen wird, machen diese Eigenschaften die Isotope unverzichtbar bei der Erforschung der Geschichte der Erde und des Lebens.

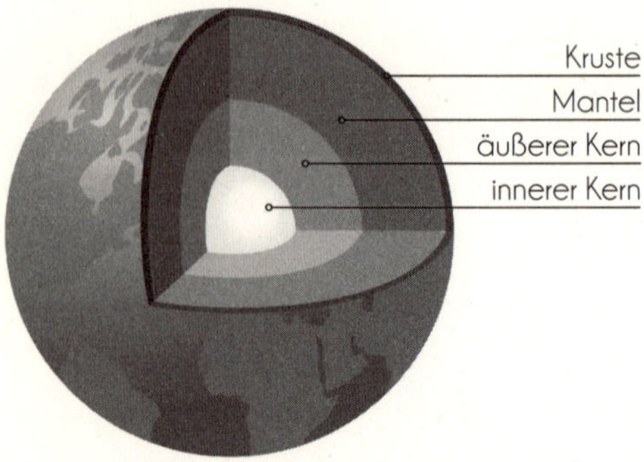

Abb. 3 Ein Querschnitt der Erde zeigt die Einteilung der verschiedenen inneren Schichten. Die Kruste, auf der wir uns befinden, ist nur eine dünne Oberflächenschicht. Die Atmosphäre und die Meere sind sogar noch dünner.

Schwerere Elemente, besonders Eisen, sanken zur Mitte hinunter, während Mineralien von Magnesiumsilikat und anderen Kombinationen aus Eisen, Kalzium, Natrium, Kalium und Siliziumdioxid eine äußere Schicht bildeten. Die konzentrische Struktur des Kerns und des Mantels bildete sich, die Oberflächenschicht der Kruste passte sich ihnen an.

Wie bildete sich diese Kruste? Um diese Frage zu beantworten, müssen wir zu einer früheren Aussage zurückkehren: Verschiedene Mineralien schmelzen oder kristallisieren bei unterschiedlichen Temperaturen. Ein paar Millionen Jahre nach der Bildung der Erde produzierte der heiße Mantel geschmolzene Materialien, die an die Oberfläche stiegen und sich über den Planeten verteilten, wo sie das bildeten, was die Planetenwissenschaftler als Magmameer bezeichnen. Wenn man je die frische Lava gesehen hat, die vom Kilauea, dem aktivsten Vulkan auf Hawaii, ausgestoßen wird, kann man sich ein Bild dieser Landschaft machen: eine raue schwarze Oberfläche, durch deren Risse und Sprünge orangefarbenes Licht glüht, eingehüllt in brodelnde Dampfwolken.

Als die Hitze in die Atmosphäre entwich, kühlte sich das Magmameer ab und bildete eine erste Kruste mit hauptsächlich basaltischer Zusammensetzung. Als diese Kruste dicker wurde und im unteren Bereich zu schmelzen begann, entstanden die ersten siliziumdioxidreichen Gesteine, die etwa mit Granit vergleichbar sind – die erste Kontinentalkruste entstand. Winzige Mineralkörner namens Zirkone enthalten die Geschichte der frühen Evolution der Kruste. Mineralischer Zirkon (Zirkonsilikat, $ZrSiO_4$) bildet sich, wenn siliziumdioxidreiches Vulkangestein aus flüssigem Magma kristallisiert. Zirkone haben eine Eigenschaft, die sie für Geologen sehr wertvoll macht: Bei ihrer Kristallisation schließen sie Uran in ihre Struktur mit ein, nehmen aber kein Blei auf, da Blei-Ionen zu groß sind, um in die wachsenden Kristalle zu passen. Warum spielt das eine Rolle? Einige Uran-Ionen sind radioaktiv: Uran-235 und Uran-238 zerfallen zu Blei-207 und Blei-206 in einer Geschwindigkeit, die sich im Labor messen lässt. Uran-238 hat eine Halbwertszeit von 4,47 Milliarden Jahren, was bedeutet, dass in dieser Zeit die Hälfte des Uran-238 zu Blei-206 zerfallen ist. Uran-235 hat eine Halbwertszeit von 710 Millionen Jahren. Da Zirkone bei ihrer Entstehung kein Blei enthalten, muss das, was wir darin finden, durch den radioaktiven Zerfall von Uran entstanden sein. Durch die sorgfältige Messung von Uran und Blei in den Zirkonen erhalten wir somit eine Art Uhr, den besten Chronometer, um die älteste Geschichte unseres Planeten zu kalibrieren.

Nun gut, die Zirkone helfen uns, die geologische Zeit zu berechnen. Aber wenn es kein Gestein auf der Erde gibt, das älter ist als vier Milliarden Jahre, wie können Zirkone dann Licht auf die früheste Phase unseres Planeten werfen? Die Antwort auf diese Frage finden wir am Strand. Der Sand, aus dem wir am Lieblingsstrand meiner Familie an der Nordküste von Massachusetts Burgen bauten, ist ein Resultat der Erosion des alten Hochgebirges, dessen Reste wir noch als die White Mountains von New Hampshire und andere Gebirgszüge am Rücken von Neuengland sehen können. In diesen Bergen gibt es Granit, der sich bildete, als sich die Gebirge vor 400 Millionen Jahren formten. Das Alter kennen wir, weil sich im Granit Zirkone finden, die auf die Zeit der Entstehung hinweisen. Im Laufe der Zeit lösten sich Zirkone durch Erosion aus den Bergen und wurden mit den Flüssen an die Küste geschwemmt, wo sie (vorläufig) als Sandkörner an den Stränden von Massachusetts endeten. Die

Strände sind also modern, doch sie entstanden aus Sandkörnern, die viel älter sind und 400 Millionen Jahre alte Zirkone enthalten.

Das erklärt, wie Zirkone das dunkle Zeitalter der Erde erhellen können. In Westaustralien weist ein unscheinbarer Auswuchs von orange verwittertem Gestein namens Jack Hills Formation Sandstein und Kies auf, der vor etwa drei Milliarden Jahren von den Flüssen dort abgelagert wurde. Da es nur wenig Sedimentgestein gibt, das so alt ist, ist das Alter dieser Felsen an sich schon interessant, doch der wahre Schatz von Jack Hills zeigt sich bei näherer Betrachtung der Körner, die vor Äonen in den Sandstein zementiert wurden. Darunter befinden sich Zirkone, von denen etwa 5 Prozent älter sind als vier Milliarden Jahre. Die ältesten stammen von vor 4,38 Milliarden Jahren und sind damit fast so alt wie der Planet selbst. Ähnliche Entdeckungen wurden kürzlich in Südafrika und Indien gemacht.

Was lehren uns diese alten Mineralien? Zum einen bilden sich Zirkone nicht in allen Vulkangesteinen, sie kommen hauptsächlich in der siliziumdioxidreichen Kruste mit einer Zusammensetzung auf dem chemischen Weg zum Granit hin vor. Zirkone lassen also vermuten, dass die Differenzierung der Erdkruste schon früh in der Geschichte unseres Planeten begann. Die Chemie des Sauerstoffs in den Zirkonen führt darüber hinaus zu der Annahme, dass es bereits vor 4,38 Milliarden Jahren flüssiges Wasser gab. Die Hydrosphäre der Erde ist also beinahe genauso alt wie sie selbst. Und ein paar alte Zirkone enthalten winzige Einschlüsse anderer Mineralien, aus denen man Rückschlüsse auf die Eigenschaften des Erdinneren vor mehr als vier Milliarden Jahren ziehen kann. Am interessantesten – und umstrittensten – sind winzige Spuren von Graphit, einem Mineral aus reinem Kohlenstoff, in einem 4,1 Milliarden Jahre alten Zirkon. Könnte das ein Bruchstück des Rezepts für Leben sein? Zu dieser Frage kehren wir in Kapitel 3 zurück. Vorerst untersuchen wir weiter das langsam entstehende Porträt unseres Planeten in seiner Jugend.

Bis hierher haben wir über die Zusammensetzung der Erdmasse geredet, doch was ist mit den Eigenschaften, die für das Leben am wichtigsten sind – das Wasser in den Meeren und das Gas in der Atmosphäre? Lange Zeit ging die Planetenwissenschaft davon aus, dass Luft und Wasser der Erde in ihrer Wachstumsphase hauptsächlich als späte Zugabe von Kometen beigefügt wurde. Kometen, die gerne auch als »schmutzige Schneebälle« bezeichnet werden, sind Boten aus den äußeren Bereichen des frühen Sonnensystems und bestehen weitgehend aus Eis mit einem nur geringen Anteil an Gesteinsmaterial. Neuere Erkenntnisse auf dem Gebiet der chemischen Erforschung von Kometen lässt uns deren Ursprung auf den Prüfstand stellen. Die Erkenntnisse stammen von den Wasserstoffisotopen. Vom relativen Verhältnis von Wasserstoff und Deuterium (es wurde bereits vorgestellt, es ist ein Wasserstoffisotop mit einem Proton und einem Elektron sowie einem zusätzlichen Neutron) im Wasser und in wasserstoffhaltigen Substanzen auf der Erde haben wir eine ziemlich gute Vorstellung. Mögliche Kandidaten, die als Quelle für das Wasser auf der Erde infrage kommen, sollten daher ein ähnliches Verhältnis von Wasserstoff und Deuterium enthalten. Diesen Test bestehen die Kometen leider nicht. Ihre Wasserstoffzusammensetzung lässt vermuten, dass sie für höchstens 10 Prozent des Wassers auf der Erde verantwortlich sein können.

Der Rest unseres Wassers sowie die Gase in der Atmosphäre und der Kohlenstoff in unseren Körpern kamen zusammen mit den Meteoriten, aus denen unser Planet insgesamt besteht, besonders bestimmten Arten von chondrischen Meteoriten, die in der späten Phase des Erdwachstums dazustießen. Eine Gruppe von Chondriten, sogenannte kohlenstoffhaltige Chondriten, verdienen dabei besondere Aufmerksamkeit, da ihre Masse zu 3 bis 11 Prozent aus Wasser besteht, das vor allem in Ton und anderen Mineralien gebunden war, sowie zu etwa 2 Prozent aus organischem Material (Moleküle mit Wasserstoff- und Kohlenstoff), darunter Aminosäuren wie die in Proteinen. Chondrische Meteoriten stellen also eine Quelle von Wasser und Kohlenstoff dar und bestehen im Gegensatz zu den Kometen den Wasserstoffisotopentest. Es sieht also so aus, als stammten das Gestein, das Wasser und die Luft, die wir unser Zuhause nennen, zum größten Teil von verschiedenen chondrischen Meteoriten.

Auf der jungen Erde erzeugte die Hitze aus dem Wasserdampf, dem Stickstoffgas und dem Kohlendioxid aus dem Inneren eine heiße, dichte Atmosphäre, die wohl hundertmal dichter war als unsere heutige Luft. Doch je kühler die Erde wurde, desto mehr von dem Wasserdampf kondensierte und fiel als flüssiger Regen herab, um die Meere zu bilden. Gleichzeitig reagierte ein Teil des Kohlendioxids in der Atmosphäre mit Gestein und Wasser und wurde zu Kalkstein, der als Sediment zur Erde zurückkehrte. Vielleicht sah diese Erde Hawaii mit den aus dem Wasser aufragenden wolkenverhangenen Vulkanen noch ähnlicher. Sie dürfte jedoch fremdartig gewirkt haben, da manche Wissenschaftler vermuten, dass kleine organische Moleküle, entstanden durch strahlungsbedingte chemische Reaktionen, der dichten frühen Atmosphäre einen orangen Schein verliehen haben.

Dieser Verfestigungsprozess ist noch nicht abgeschlossen – immer noch ist im Erdmantel mehr Wasser enthalten als in den Meeren. Darüber hinaus war die Bewegung des Wassers vom Mantel an die Oberfläche durchaus keine Einbahnstraße. Es gibt Grund zur Annahme, dass der heiße Mantel in der Jugend der Erde weniger Wasser aufnehmen konnte als heute, daher könnten frühere Meere wesentlich größer gewesen sein. Eines ist jedenfalls klar: Sauerstoffgas gehörte nicht zur frühen Atmosphäre. Wie sich in Kapitel 4 noch zeigen wird, kam der Sauerstoff, der uns erhält, erst später dazu und wurde eher durch biologische als durch rein physikalische Prozesse beigesteuert.

Als die Erde abkühlte und sich zu differenzieren begann, schwand der Einfluss der großen Meteoriten langsam. Auch heute noch schlagen Meteoriten auf der Erde auf. 1992 zermalmte ein kleiner Meteorit ein Auto in Peekskill, New York, und Besucher des großen Meteoritenkraters in der Nähe von Flagstaff, Arizona, sehen in ein Loch, das fast 1,2 Kilometer breit ist und von einem Aufschlag vor etwa 50 000 Jahren stammt. Allgemein kann man sagen, dass sowohl die Häufigkeit der Einschläge als auch die Größe der Meteoriten im Laufe der Zeit abgenommen haben. Auf der jungen Erde konnten immer noch gelegentlich Meteoriten einschlagen, die einen ganzen Ozean verdampfen konnten. Beweise dafür lassen sich zwar nicht auf unserer Erde, aber dafür auf unserem Nachbarplaneten Mars finden, dessen südliches Hochland noch immer von alten Kratern zerfurcht ist. Darunter sind auch einige gigantische Krater. Ein besonders beeindruckendes Exemplar, der Hellas Planitia, hat einen Durchmesser von etwa 2300 Kilometern, was ungefähr der Entfernung zwischen Boston und New Orleans entspricht. Neben der Energie dieser Einschläge sieht eine Atombombe aus wie ein Knallfrosch.

Die genaue Zeitspanne der abnehmenden Einschläge ist immer noch heftig umstritten. Seit den Anfängen der Mondforschung redet man gerne von einem späten schweren Bombardement, einem Zeitraum vor etwa 3,9 Milliarden Jahren, in dem das innere Sonnensystem besonders stark von Meteoriten getroffen wurde. Die empirischen Beweise dafür stammen hauptsächlich aus den Proben, die Astronauten von den verschiedenen Teilen der Mondoberfläche sammelten. Weit verstreute Proben deuten darauf hin, dass es vor etwa 3,9 Milliarden Jahren eine Reihe von Einschlägen gab. Anfänglich betrachtete man das als eine Art Spitze in der Frequenz der Meteoriteneinschläge, erklärt durch Modelle, die zeigten, wie die Bewegungen in den Umlaufbahnen von Saturn und Jupiter eine Menge Material aus dem äußeren Sonnensystem abgestoßen haben könnten. Andere Wissenschaftler sehen die Dinge wieder anders und argumentieren, dass die Beweise von 3,9 Milliarden Jahre alten Einschlägen auf dem Mond nur von einem einzigen Ereignis und nicht einer ganzen Reihe von einzelnen Meteoriten stammen. Wieder andere stellen die These auf, dass die Spitze vor 3,9 Milliarden Jahren ein Artefakt ist, das eine langfristige Abnahme der Einschlagsintensität im Laufe der

Zeit widerspiegelt. Neuere Modelle der Dynamik innerhalb des Sonnensystems unterstützen die Vorstellung eines einzelnen Bombardement-Ereignisses, vermuten gleichzeitig aber auch, dass dies viel früher stattgefunden haben muss. Im Augenblick gehen viele davon aus, dass die Erde vor 4,3 bis 4,2 Milliarden Jahren nicht mehr von Einschlägen bedroht wurde, die dazu führen konnten, dass Ozeane verdampften.

Das gewaltige Drama der Entstehung der Erde – vom Zusammenschluss von altem Sternenmaterial, globaler Schmelze und der Differenzierung, die das Innere unseres Planeten schuf, bis zur Bildung von Meeren und der Atmosphäre – spielte sich in einem Zeitraum von nicht mehr als 100 Millionen Jahren ab. Vor 4,4 Milliarden Jahren war die Erde bereits zu einem Planeten aus Stein geworden, auf dem Wasser schwamm und der unter einer Schicht von Luft lag. Die Kontinente begannen sich zu bilden, doch sie waren klein und lagen noch fast vollständig unter Wasser. Ich stelle mir die junge Erde als etwas wie ein globales Indonesien vor, in dem Vulkane aus dem Meer ragen, das aber nur wenig kontinentartige Landmasse enthält. Die Erde war in eine dichte Atmosphäre eingehüllt, die jedoch keinen Sauerstoff enthielt. Menschliche Zeitreisende würden auf der frühen Erde nicht lange überleben. Trotz einiger vertrauter Merkmale war das also noch nicht unsere Erde. Die Welt, wie wir sie kennen – mit großen Kontinenten, mit Atemluft und Leben –, sollte erst noch entstehen.

2

Physik

DIE GESTALTUNG DES PLANETEN

Die Flatirons, das Gebirge westlich von Boulder, Colorado, ragen in den Himmel wie gewaltige Zähne, und die weichen Wellen der Ebene im Osten verstärken diesen Eindruck noch. Wir alle kennen die großen topografischen Merkmale unseres Planeten: die Rocky Mountains, die Alpen und andere Gebirgsketten, die im Gegensatz zu weiten Prärien, Steppen und Küstenebenen stehen. Kontinente und Vulkaninseln, die oft aneinandergereiht sind wie Perlen auf einer Kette, ragen aus dem weiten Ozean auf. Erdbeben stellen in manchen Teilen der Welt eine konstante Bedrohung dar, während sie in anderen kaum vorkommen. Wie wurde die Oberfläche der Erde so, wie sie heute ist, und was sagt sie uns über das, was in ihrem Inneren vor sich geht?

Der bekannte Autor John McPhee schrieb einst als Zusammenfassung seiner eigenen Forschung zur Komplexität der Erde: »Wenn ich all das in einem Satz zusammenfassen müsste, dann würde ich sagen: Der Gipfel des Mount Everest besteht aus maritimem Kalkstein.« Der Mount Everest enthält fossile Muscheln, über 8 Kilometer über dem Meer. Die Flatirons bestehen aus ursprünglich horizontalen Schichten, die jetzt fast senkrecht stehen. Der Fuji erhebt sich majestätisch über den Reisfeldern von Honshu. Diese und andere Erscheinungen zwingen uns, die Erdoberfläche als etwas Dynamisches zu betrachten, als ein sich ständig veränderndes Kaleidoskop aus Geografie, Topografie und Klima. Heutzutage ist diese Perspektive allgemein anerkannt, doch bis dahin war es ein langer Weg.

Jahrtausendelang gingen unsere Vorfahren davon aus, dass die äußerlichen Merkmale unserer Erde permanent sind – unveränderliche Barrieren, Korridore, Ressourcen und Totems, die uns in unserem Leben umgeben. Erst im 17. Jahrhundert begann das Bild der statischen Erde Risse zu bekommen, als Nicolas Steno, der Leibarzt der Medici, erkannte, dass die *glossopetrae* – zungenförmige Steine, die durch Verwitterungsprozesse in den toskanischen Hügeln zutage traten – die Zähne von Haien aus der Vorzeit waren. Steno war der Meinung, dass die Zähne der Haie, als diese starben und verwesten, sich im Sediment des Meeresbodens abgelagert hatten. Wenn wir davon ausgehen, bedeutet der Fund von Haizähnen in den Hügeln über Florenz, dass entweder das Meer einmal sehr viel höher gewesen sein muss als jetzt oder dass das Gestein, aus denen die Hügel bestehen, aus dem Meer emporgehoben wurde.

Das Konzept der geologischen Unbeständigkeit nahm über ein Jahrhundert später durch die Schriften von James Hutton Fahrt auf, der allgemein als der Vater der modernen Geologie betrachtet wird. Wie andere Naturwissenschaftler des späten 18. Jahrhunderts beobachtete Hutton auf seinen Wanderungen in den Bergen nahe seiner Heimatstadt Edinburgh, wie gut Pflanzen und ihre Umgebung zueinanderpassten. Genauso schienen auch das Seegras und die Seeanemonen im Wasser des Firth of Forth gut an ihre Umgebung angepasst zu sein. Doch Hutton fiel noch etwas anderes auf. Die Berge wurden langsam, aber sicher durch Erosion abgetragen. Der Sand und der Schlamm dieses Erosionsprozesses füllten allmählich den Firth auf.

Hutton stand vor einem Rätsel. Wenn sich diese Habitate in einem Zustand stetigen Verfalls befanden, wie konnten sich dann die Spezies, die sie bewohnten und die so spezifisch an ihre Umgebung angepasst waren, über so lange Zeitspannen darin erhalten? Huttons Lösung war so einfach wie elegant: Er meinte, im Laufe der Zeit würde jeder Berg durch Erosion abgetragen werden, doch gleichzeitig würde sich ein neuer erheben (er bevorzugte Hitze als auslösenden Mechanismus dafür). Auf gleiche Weise würden vielleicht Meeresbuchten zugeschwemmt, doch die Bewegungen der Erde würden dafür sorgen, dass sich auch wieder neue Buchten bildeten. Die konstante Umgebung der Erde befindet sich also in einem dynamischen Prozess, in dem sich Erhebungen und Erosion die Waage halten.

Wenn es ein Mekka für Geologen gibt, dann ist es Siccar Point, ein Felsvorsprung an der schottischen Küste östlich von Edinburgh. Hier liegen Sandsteine auf der erodierten Oberfläche älterer, vertikal ausgerichteter Felsen (siehe Abbildung 4). Die vertikalen Felsen im unteren Teil wurden vor Urzeiten als horizontale Sedimentschichten auf einem alten Meeresboden abgelegt. Diese Schichten wurden später durch geologische Kräfte aufgeworfen und in ihre jetzige Richtung gedreht. Noch später schliff die Erosion die Oberfläche der jetzt senkrecht stehenden Schichten plan, und darauf lagerten sich wiederum neue Sedimente aus den Flüssen ab, die durch die alten Flussebenen flossen. Heute liegt das gesamte Gebilde über der Nordsee und verwittert langsam. Als Hutton 1788 mit dem Schiff dort ankam, bemerkte er die dynamischen Prozesse, die er schon in den Bergen von Schottland gesehen hatte, und erkannte, dass die Geschichte, die sich an Siccar Point zeigt, einen ungeheuren

Abb. 4 Siccar Point in Schottland, wo James Hutton die Dynamik der Erde und die Unermesslichkeit der Zeit klar wurden.

Zeitraum umfassen musste. »Es wurde einem schwindelig davon, so weit in den Abgrund der Zeit hineinzusehen«, erinnerte sich Huttons Begleiter Jon Playfair später. Hutton hatte keine Ahnung, wie alt die Felsen von Siccar Point waren, aber heute wissen wir, dass die vertikalen Schichten vor circa 440 bis 430 Millionen Jahren im Zeitalter des Silur abgelagert wurden, während die Sandsteinschichten darüber aus dem etwa 60 Millionen Jahre späteren Devon stammen.

Als im 19. und frühen 20. Jahrhundert die Geologen die Erde kartierten, wurden Huttons wiederholte Zyklen von Erhebungen und Erosion deutlicher. Doch zum Beispiel in den Alpen sahen geübte Augen, dass zu den Verwerfungen und Falten in den Gebirgen mehr als nur vertikale Bewegung notwendig gewesen war. Die Felsen mussten sich auch seitlich verschoben haben. Unser modernes Verständnis der Oberflächenaktivitäten der Erde und der Merkmale, die daraus hervorgingen, bildete sich im frühen 20. Jahrhundert durch die Schriften eines deutschen Meteorologen namens Alfred Wegener. Als junger Mann bemerkte er, als er sich an einem Regentag fasziniert mit einem Globus beschäftigte, dass die Nase von Brasilien, wenn man den Atlantik schließen würde, perfekt in die Bucht von Afrika passt, während sich das östliche Nordamerika gut an die Sahara anschmiegen könnte. Vielleicht waren die Kontinente ja gar nicht fest, sondern wanderten über die Erdoberfläche, stießen gelegentlich aneinander und warfen so Gebirgszüge auf? Vielleicht stellten die Meeresbecken eine Art Diaspora einst zusammenhängender Landmassen dar?

1915 fasste Wegener seine Ideen in einem Buch zusammen: *Die Entstehung der Kontinente und Ozeane.* Dass die Reaktion auf seine Hypothesen »gemischt« gewesen sei, würde der Heftigkeit der dadurch ausgelösten Debatten nicht gerecht werden. Die führenden Wissenschaftler in Nordamerika und Europa, die später als »Fixisten« bezeichnet wurden, lehnten Wegeners Ideen ab, da sie sich keinen Mechanismus vorstellen konnten, der Kontinente über die Meeresbecken wandern lassen könnte. Die Geologen der südlichen Hemisphäre waren deutlich aufgeschlossener. Sie erkannten nicht nur die geometrischen Passformen der Kontinente, die Wegener ansprach, sie wussten auch, dass die geologischen Merkmale auf beiden Seiten des Atlantiks einen früheren Zusammenhang vermuten ließen. Fossilien trugen ihren Teil dazu bei. So wurden zum Beispiel 290 bis 252 Millionen Jahre alte *Glossopteris*-Blätter sowohl im südlichen Afrika als auch in Südamerika, Indien und Australien gefunden, später auch in der Antarktis. Die traditionelle Erklärung, dass diese Pflanzen über mittlerweile verschwundene Landbrücken von Kontinent zu Kontinent gewandert waren, fanden die Geologen der südlichen Hemisphäre nicht weniger absurd als treibende Kontinente. Natürlich übertrumpften die europäischen und nordamerikanischen Fixisten auf ihren einflussreichen Professorensitzen die armen Seelen im Süden, die sich einfach nur das Gestein ansahen.

Um das Rätsel um die treibenden Kontinente zu lösen, mussten sich die Wissenschaftler das Meer ansehen. Der Meeresboden der Tiefsee war für die Menschheit sehr lange Terra incognita. Die Seefahrer bewegten sich an der Wasseroberfläche, hatten aber keine Ahnung, was darunter lag. Erst im Zweiten Weltkrieg, als man mithilfe von Radar feindliche U-Boote zu entdecken versuchte, änderte sich das, weil man in der Tiefsee auf ganze Netze von Gebirgszügen und Gräben traf. In den 1950er-Jahren entdeckten die US-amerikanischen Wissenschaftler Marie Tharp und Bruce Heezen den Mittelatlantischen Rücken, eine Gebirgskette, die den atlantischen Meeresboden von Nordisland – das Teil des Rückens ist – bis zur Spitze der Antarktischen Halbinsel in zwei Teile spaltet. Ähnliches gibt es im Pazifik, im Indischen Ozean und in der Südsee. Bemerkenswert anschaulich zeigt sich das in der revolutionären Weltkarte von Heezen und Tharp, in der die Meere trockengelegt sind (siehe Abbildung 5). Das vermehrte Wissen um die Erdoberfläche unter dem Meer führte dazu, dass man unseren Planeten auf neue Weise betrachten musste.

Der Geologe Harry Hess von der Princeton University, dessen Beobachtungen während des Krieges die Grundlage für die neue Sicht auf

Abb. 5 Die revolutionäre Weltkarte von Bruce Heezen und Marie Tharp von 1977. Lange Gebirgsketten voller Verwerfungen erheben sich aus dem Meeresboden.

die Meeresböden darstellte, vermutete 1962, dass die ozeanischen Bergrücken eine ganz besondere, wichtige Rolle im Erdsystem spielen: Es sind die Stellen, an denen die ozeanische Kruste geboren wird und die Kontinente zu beiden Seiten langsam, aber sicher auseinandertreibt. Kein Jahr später wurde Hess' Hypothese von der »Meeresbodenerweiterung« von den britischen Geologen Frederick Vine und Drummond Matthews bestätigt. Der Schlüssel war der Magnetismus. Magnetempfindliche Mineralien wie das zu Recht so bezeichnete Eisenoxid Magnetit richten sich bei ihrer Kristallisation am Magnetfeld der Erde aus und halten so die Ausrichtung des Feldes an dem Ort und zur Zeit ihrer Entstehung fest. Aus noch ungeklärten Gründen dreht sich die Ausrichtung des Erdmagnetfeldes alle paar Hunderttausend Jahre um 180 Grad um. Vine und Matthews beobachteten, dass die magnetischen Signaturen der Meeresbodenkruste im Atlantik ein Muster paralleler Streifen bilden, das sich aus den Umkehrungen des Magnetfeldes im Laufe von Millionen Jahren ergab. Die Streifen sind in dem mittleren Meeresrücken symmetrisch angeordnet, und als man das Gestein der Kruste mithilfe radioaktiver Isotope datierte, zeigte es sich, dass das jüngste Gestein am dichtesten am Rücken lag. Gleichzeitig wurde der Meeresboden Streifen für Streifen älter, je weiter man sich in Richtung Europa beziehungsweise Nordamerika bewegte. Hess hatte recht: An den Rücken bildete sich neue ozeanische Kruste, die die Entfernung zwischen Boston und meinem Lieblingspub in London jedes Jahr um etwa 2,5 Zentimeter anwachsen lässt.

Aus menschlicher Sicht scheint das so langsam zu sein, dass man es vernachlässigen kann – es wird mich sicher nicht an meiner Reise hindern. Aber in den letzten 100 Millionen Jahren ist der Atlantik um fast 2500 Kilometer breiter geworden. Im Endeffekt bedeutet das, dass die Ausdehnung des Meeresbodens das Geheimnis der treibenden Kontinente löste, und ein neues Paradigma, die Plattentektonik, trat in den Vordergrund.

Vorausgesetzt, die Erde wächst nicht – was sie nicht tut –, erfordert die Bildung neuer Kruste an den Ozeanrücken, dass anderswo ältere Kruste zerstört wird. Die Friedhöfe für Erdkruste sind Subduktionszonen, wo sich eine tektonische Platte unter die andere schiebt und das Gestein der Kruste so in den Erdmantel zurückführt, aus dem es gekommen ist. Der Atlantik wird langsam, aber sicher breiter, während das Pazifische Becken von Subduktionszonen umringt ist, was sich in einer linearen Anordnung von Vulkanen und Erdbebengebieten zeigt, die sich von den Aleuten bis nach Indonesien erstrecken. Tatsächlich zieht diese Unterschneidung von Krustenplatten die ozeanische Kruste auseinander und die neue Kruste wird an den Meeresrücken passiv gebildet. Wenn die tektonischen Platten in den heißen Mantel hinuntergeschoben werden, beginnen sie zu schmelzen, und wenn dieses geschmolzene Material an die Oberfläche tritt, erzeugt es Vulkane. Die Reibung zwischen den Platten kann sie zeitweilig verschließen, doch die stete Kraft der sinkenden Platten baut Druck auf, der die Reibung irgendwann übersteigt. Dann erfolgt eine schnelle, heftige Bewegung – ein Erdbeben. Die Bewohner von Los Angeles und Tokio freuen sich über häufige kleine Erdbeben, weil sie die Reibung zwischen den Platten verringern. Erst wenn es still wird, muss man sich Sorgen machen.

Die Erdoberfläche ist also ein bewegliches Mosaik aus festen Platten, eine »Lithosphäre« aus Kruste und dem starken, festen Mantel direkt darunter (siehe Abbildung 6). Auf ungefähr der Hälfte der Platten liegen Kontinente, die auseinanderdriften oder zusammenstoßen, wenn die Platten darunter wachsen oder untergehen. Der Rest besteht nur aus ozeanischer Kruste. Wenn die ozeanische Kruste sich unter den Rand eines Kontinents schiebt, kann ein Gebirge entstehen. Die Anden sind ein Beispiel dafür. Auch wenn zwei Kontinente aufeinanderprallen, werden Berge erzeugt – der majestätische Himalaya erhob sich, als sich die Halbinsel Indien in die Magengrube von Asien schob. Die bescheideneren Appalachen liegen heute weit von den Subduktionszonen entfernt, aber sie zeugen von der Kollision alter Kontinente vor 300 Millionen Jahren. Auch der Streifen, den der Ural durch Russland zeichnet und der Europa und Asien voneinander trennt, zeugt von einem lange zurückliegenden kontinentalen Zusammenprall.

Die Platten können sich auch aneinander vorbeischieben, wobei weder neue Kruste gebildet noch alte in die Tiefe geschoben wird. Das berühmteste Beispiel dafür ist wohl die San-Andreas-Verwerfung, die sich vom Norden von San Francisco bis nach Mexiko durch ganz Kalifornien zieht. Die Reibung zwischen der Nordamerikanischen Platte im Osten und der Pazifischen Platte im Westen erzeugt Erdbeben, die diese Region unaufhörlich erschüttern. Die Wissenschaft kann diese Erschütterungen

Abb. 6 Die Erdoberfläche besteht aus ineinanderliegenden Platten. Diese Platten werden auseinandergezogen und an den Meeresrücken (als Doppellinien markiert) bildet sich neue ozeanische Kruste. Dadurch entfernen sich Kontinente voneinander. Platten, die aneinander vorbeigleiten, bilden Verwerfungen (einfache Linien), aber wo sie zusammenkommen (gezackte Linien), prallen sie aufeinander, wobei eine Platte unter die andere sinkt. Vulkane, Erdbeben und aktiv wachsende Gebirgszüge treten an den Kanten zusammenlaufender Platten konzentriert auf.

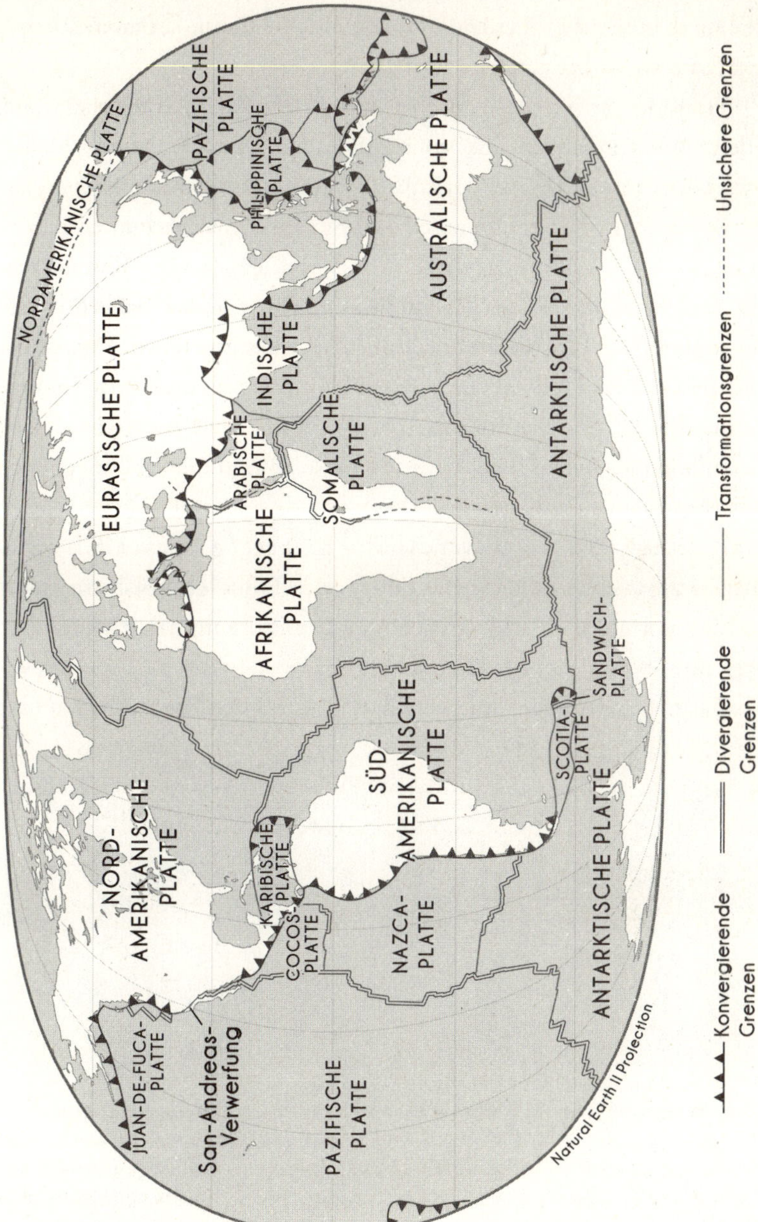
NORDAMERIKANISCHE PLATTE
PAZIFISCHE PLATTE
PHILIPPINISCHE PLATTE
EURASISCHE PLATTE
INDISCHE PLATTE
AUSTRALISCHE PLATTE
ARABISCHE PLATTE
SOMALISCHE PLATTE
AFRIKANISCHE PLATTE
ANTARKTISCHE PLATTE
SANDWICH-PLATTE
SCOTIA-PLATTE
SÜD-AMERIKANISCHE PLATTE
NORD-AMERIKANISCHE PLATTE
KARIBISCHE PLATTE
COCOS-PLATTE
NAZCA-PLATTE
ANTARKTISCHE PLATTE
JUAN-DE-FUCA-PLATTE
San-Andreas-Verwerfung
PAZIFISCHE PLATTE
Natural Earth II Projection
Konvergierende Grenzen
Divergierende Grenzen
Transformationsgrenzen
Unsichere Grenzen

zwar nicht aufhalten, aber unterstützt durch umfassende Berechnungen lernt man, sie vorherzusagen.

Durch die Arbeit des britischen Geophysikers Dan McKenzie und anderer Wissenschaftler wissen wir heute, dass die Plattenverschiebungen an der Erdoberfläche Dynamiken in tieferen Schichten des Planeten widerspiegeln. In Kapitel 1 wurde erwähnt, dass der Mantel sein Material umwälzt, wobei heißes Material an die Oberfläche steigt, während kälteres zum Kern hinabsinkt. Wo heißes (und daher relativ leichtes) Mantelgestein an die Oberfläche tritt, entstehen tektonische Rücken, während die Subduktionszonen da auftreten, wo Material nach unten in den Mantel absinkt. So vermitteln die Berge und Meere, wie wir sie von den Karten und von Reisen her kennen, Prozesse, die sich tief im Inneren der Erde abspielen (siehe Abbildung 7).

Die Plattentektonik kann nicht alles erklären. So ist es zum Beispiel immer noch nicht klar, wie es zum heftigsten Erdbeben überhaupt kam, das Missouri im Jahr 1811 erschütterte. Die Plattentektonik stellt allerdings eine überzeugende Erklärung für die Dynamik unserer Erde dar, wo sich Meeresbecken bilden und verschwinden, wo sich Berge erheben und

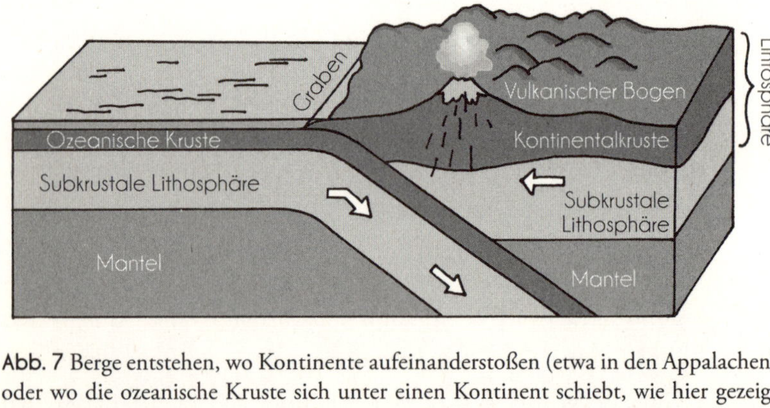

Abb. 7 Berge entstehen, wo Kontinente aufeinanderstoßen (etwa in den Appalachen) oder wo die ozeanische Kruste sich unter einen Kontinent schiebt, wie hier gezeigt (die Anden), angetrieben von den Umwälzungsprozessen im darunterliegenden Mantel. Die Gräben, lineare Vertiefungen im Boden der Tiefsee, sind ein oberflächliches Merkmal von sich verschiebenden aneinanderliegenden Platten.

wieder abgetragen werden und wo Erdbeben den Frieden fast kontinuierlich erschüttern. Und so ist es schon immer gewesen. Oder etwa nicht?

Die Rekonstruktion der tektonischen Erdgeschichte stellt eine geologische Aufgabe dar, die eines Sherlock Holmes würdig wäre. Man kann zwar Ausdehnung, Subduktion und andere heute stattfindende Prozesse beobachten und quantitativ berechnen, aber woher soll man wissen, wie die Erde vor zehn Millionen oder zwei Milliarden Jahren ausgesehen hat? Die ozeanische Kruste mit ihren Magnetstreifen kann uns etwas über die letzten 180 Millionen Jahre sagen, da kann man als Geologe sozusagen das plattentektonische Band zurückspulen. Will man zum Beispiel wissen, wie die Position der Kontinente vor zehn Millionen Jahren ausgesehen hat, kann man sich die ozeanische Kruste ansehen, die jünger ist als das, sie virtuell entfernen und die Lücken schließen, die sich daraus ergeben. Vom Weltraum aus betrachtet unterschied sich diese Welt nicht besonders von der heutigen, auch wenn der Atlantik schmaler war und Gebirge wie die Alpen und der Kaukasus nicht so ausgeprägt waren.

Vor 50 Millionen Jahren war der Atlantik noch kleiner und von oben betrachtet würde man einige unbekannte Merkmale sehen. Der indische Subkontinent war von Asien getrennt und lag von Wasser umgeben im Süden. Australien begann gerade, sich von der Antarktis zu lösen. Und ohne die Eiskappen an den Polen lagen durch den höheren Wasserspiegel die tief liegenden Gebiete von Eurasien und der Ostküste der Vereinigten Staaten unter Wasser.

Vor 100 Millionen Jahren sahen die Dinge noch fremder aus. Die Rocky Mountains begannen sich zu erheben, aber es gab weder die Alpen noch den Himalaya. Die Mitte des nordamerikanischen Kontinents und des südlichen Eurasien lagen größtenteils unter Wasser. Der Atlantik war nur ein schmales Band, Australien war eng mit der Antarktis verbunden und Indien schmiegte sich in eine geografische Nische zwischen Afrika und der Antarktis.

Ein Muster beginnt sich abzuzeichnen: Spult man das Band zurück, beginnen sich die heute weit verstreuten Kontinente zu einer einzigen großen Landmasse zu sammeln. Blickt man 180 Millionen Jahre zurück, so sieht man einen Planeten, der sich zumindest geografisch völlig von unserem heutigen unterscheidet (siehe Abbildung 8). Alle Kontinente der südlichen Hemisphäre bilden eine einzige Landmasse, Gondwana (das sagen uns zumindest die Fossilien der *Glossopteris*-Blätter), die ihrerseits an einem Ende mit Nordamerika und Eurasien zu einem einzigen Superkontinent, Pangäa, verbunden ist. Ein tiefer Einschnitt wurde durch den heute nicht mehr existierenden Ozean Tethys gebildet. Was tatsächlich geschah, ist, dass vor circa 175 Millionen Jahren durch die Belas-

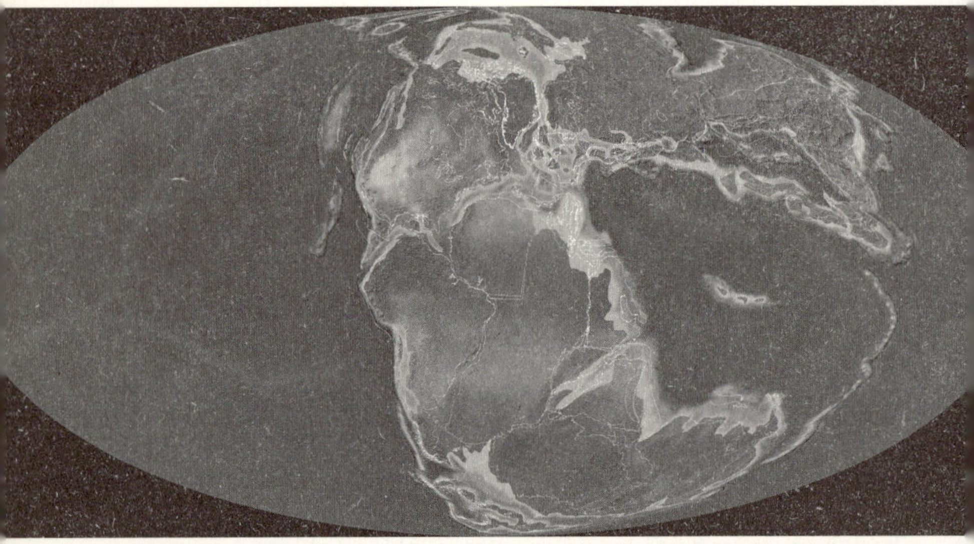

Abb. 8 Die Rekonstruktion der Erdoberfläche vor circa 180 Millionen Jahren. Die Kontinente, die sich zuvor gebildet hatten, liegen zum größten Teil dicht zusammen. Der Atlantik hat gerade begonnen, sich zu öffnen. Tethys (das große Meer zwischen dem Süden von Asien und dem Norden des Gondwana-Kontinents) schließt sich, da Afrika, Indien und Australien sich trennen und nach Norden wandern. Letztendlich treffen sie auf Europa und Asien und bilden die lange Gebirgskette, die von den Pyrenäen über die Alpen zum Himalaya und weiter bis Neuguinea verläuft.

tungen infolge der Umwälzungen im darunterliegenden Erdmantel der Superkontinent Pangäa auseinanderzubrechen begann. Neue ozeanische Kruste trieb die Kontinente auseinander und formte neue Meere, vielleicht vor allem den Atlantik. Während sich die Kruste unter dem Pazifik unter die nach Westen wandernden Kontinente von Nord- und Südamerika schob, erhoben sich die Anden und die Rockies. Einzelteile von Gondwana bewegten sich auf der sich öffnenden Südsee nach Norden, schlossen das Tethys-Meer und stießen schließlich mit Eurasien zusammen, wo sie den Gebirgsrücken bildeten, der sich von den Pyrenäen bis zum östlichen Himalaya erstreckt. Und das setzt sich bis heute fort, wo die nordwärts auf Asien ausgerichtete Bewegung Australiens die beindruckenden Berge von Neuguinea formt, deren Gipfel bis zu 4500 Meter über dem Meeresspiegel liegen.

Das ist im Großen und Ganzen die Geschichte, die man aus den Aufzeichnungen im Meeresboden ablesen kann, denn die Subduktion hat das meiste der ozeanischen Kruste vernichtet, die älter ist als 180 Millionen Jahre. Die Geologie lässt jedoch vermuten, dass es die Plattentektonik schon weit früher in der Erdgeschichte gab. Die Kontinente widerstehen der Subduktion besser als der Meeresboden, daher erhalten sich dort längere historische Aufzeichnungen. Die Ausmaße und die Merkmale der Sedimentgesteinsansammlungen, die chemische Zusammensetzung und Verbreitung von Granit und anderem Vulkangestein sowie die Lage von Verwerfungen und Falten in älteren Gebirgszügen machen deutlich, dass die Plattentektonik die Oberfläche unseres Planeten schon seit mindestens 2,5 Milliarden Jahren formt. Da die Erde eine Kugel ist, werden Superkontinente, die auseinanderbrechen, irgendwann wieder zusammenfinden, wenn die verstreuten Kontinente zusammenstoßen und sich wieder vereinigen. Nach dem kanadischen Geologen J. Tuzo Wilson, der diese Abfolge der Ereignisse als Erster entdeckte, nennt man das den Wilson-Zyklus. Dass Zerbrechen von Superkontinenten, die Ausbreitung und die Wiedervereinigung der Landmassen hat sich im Laufe der Zeit mehrere Male wiederholt. Es gibt Hinweise darauf, dass sich in den letzten 2,5 Milliarden Jahren etwa fünf Superkontinente gebildet hatten, die alle genauso auseinanderbrachen wie Pangäa. Die Appalachen, die skandinavischen Caledonides und der Ural zeugen von früheren Kollisionen älterer Kontinente und der panafrikanische Faltengürtel in Afrika und Südamerika weist auf noch ältere Superkontinentansammlungen hin.

Auf meinem Schreibtisch liegt als eines meiner liebsten Besitztümer ein altes Daumenkino, das 1979 von Chris Scotese (damals Student, heute ist er ein Experte auf dem Gebiet der sich stets verändernden Geografie der Erde) zusammengestellt wurde. Auf jeder Seite ist die Lage der Kontinente zu einem bestimmten Zeitpunkt angegeben, und wenn man schnell durch das Buch blättert, scheinen sich die Landmassen zu bewegen wie in einem frühen, ruckeligen Film. Alle paar Sekunden tauchen Wörter wie »Krach«, »Knirsch« und »Ssst« auf, die den Zusammenprall und das Auseinanderreißen der Kontinente unterstreichen. 1788 schrieb James Hutton, die geologischen Aufzeichnungen zeigten »keinerlei Hinweis auf einen Anfang oder eine Vorschau auf ein Ende«, und genau dieses Gefühl habe ich auch, wenn ich mir Chris' Daumenkino ansehe. Aber aus Kapitel 1 wissen wir, dass es in der Erde tatsächlich Hinweise auf die Zeit ihres Entstehens gibt. Können wir die Spur der tektonischen Plattenverschiebungen bis in die früheste Geschichte zurückverfolgen?

Die Antwort lautet: »Vielleicht.« Die größte Herausforderung bei der Rekonstruktion der frühen tektonischen Geschichte der Erde ist dieselbe wie in Kapitel 1. Es gibt nur wenig Gestein, das älter ist als drei Milliarden Jahre, und keines, das die ersten 10 Prozent der Entwicklung unseres Planeten anzeigt. Die reizvolle, aber spärliche Information, die die chemischen und geometrischen Merkmale der ältesten erhaltenen Steine der Erde hergeben, führte zu allen möglichen Vermutungen. Begriffe wie »stagnierende Deckeltektonik« und »Senkungstektonik« wurden aufgebracht, die Alternativen zur uns bekannten Plattentektonik aufzeigten. Worin sich jedoch alle einig sind, ist, dass das Erdinnere in der früheren Geschichte des Planeten heißer war als jetzt, und die frühe Lithosphäre muss aus diesem Grund zwar dicker, aber auch schwächer gewesen sein als heute.

Einige Geologen stellen die Hypothese auf, dass, als sich das Magmameer der Erde abkühlte, die erste Kruste aufsprang und die Magmamasse, die durch die Risse aus dem Mantel darunter an die Oberfläche stieg, die Kruste zu beiden Seiten auseinanderschob, wodurch die seitlichen Verschiebungen ausgelöst wurden, die die Plattentektonik charakterisieren. Als sich die Kruste ausdehnte, kam es zwangsläufig zu Subduktionen, und das Schmelzen der niedersinkenden Plattenteile brachte die erste granitartige Kruste der Erde hervor. Wenn man die Sache so sieht, begann so etwas wie die Plattentektonik schon in der frühesten Kindheit der Erde. Eine andere Hypothese hingegen besagt, dass sich das erste Granitgestein bildete, als flüssiges Magma in Wolken aufstieg und zu großen Basaltsäulen erstarrte, die wuchsen, bis sie am Fuß wieder zu schmelzen begannen und so Granitgestein erschufen. Darin liegt jedoch auch der Widerspruch. Gemeinhin spiegelt der Granit die Subduktion und das teilweise Schmelzen des Basalts am Meeresboden wider, in dieser Version der Geschichte hingegen bildet sich der Granit auch ohne die Bewegung der Platten. Ähnliche Debatten ergaben sich aus anderen chemischen Details alten Gesteins sowie den strukturellen Beschaffenheiten der ältesten Gebiete der Erde. Viele Beobachtungen decken sich mit einem sehr frühen Beginn der Plattentektonik, andere hingegen unterstreichen die Einzigartigkeit der frühen Erde.

Wichtige Hinweise geben die alten Zirkone, von denen in Kapitel 1 die Rede war. Spurenelemente, die in den Kristallen eingeschlossen sind, lassen vermuten, dass Materialien schon vor mehr als vier Milliarden Jahren von der Erdoberfläche ins Innere transportiert wurden, allerdings wesentlich langsamer als später. Aufgrund dieser Beobachtung wurde auch vermutet, dass sich in den frühesten Zeiten der Erde zirkonhaltiges Magma am Grunde dicker vulkanischer Haufen bildete – ein »stagnierender Deckel«, ohne seitliche Wanderung oder Subduktion. Doch vor 3,8 bis 3,6 Milliarden Jahren hatte die Subduktion jedenfalls eingesetzt, was eine Form von Plattenbewegung voraussetzt.

Im Frühling 2020 tauchte ein weiteres Puzzleteil auf. Es war hier bereits vom Gesteinsmagnetismus als Schlüssel zum Verständnis der Erweiterung des Meeresbodens und damit der Mechanismen der Plattentektonik die Rede. Die Logik der magnetischen Ausrichtung ermöglicht es auch, die Bewegungen der Kontinente im Verlauf der geologischen Geschichte nachzuvollziehen. Wenn ein Kontinent beispielsweise im Laufe der Zeit aus der Nähe des Äquators bis auf 30 Grad nördlicher Breite wandert, kann man seinen Weg aus der magnetischen Ausrichtung der Mineralien in den vulkanischen Ablagerungen auf seinem Weg ablesen. Die große Frage ist demnach: Spiegeln die magnetischen Ausrichtungen des Gesteins auf der frühen Erde die seitliche Bewegung von Landmassen wider? Es zeigte sich, dass dem so ist. Durch sorgfältige Analysen konnten Alec Brenner und Roger Fu mit ihren Kollegen zeigen, dass sich vor mehr als drei Milliarden Jahren eine alte Landmasse dort, wo heute das nordwestliche Australien liegt, in ungefähr derselben Geschwindigkeit bewegte, wie Boston sich heute von Europa entfernt.

Das stärkt die Vermutungen zugunsten eines frühen Einsetzens der Plattentektonik, setzt aber nicht unbedingt dieselben Funktionsweisen der Erde voraus wie heute. Vielleicht begann die Plattentektonik nur lokal und existierte einige Zeit gleichzeitig mit den stagnierenden Deckeln, und die Plattentektonik trat in der Kindheit der Erde eher episodisch als konstant auf. Bei dieser Version veranlassten die Umwälzungen des Mantels die frühen Platten, sich seitlich zu verschieben und sich an den Rändern übereinanderzuschieben. Heute verursacht der Sog der absinkenden Plattenteile in den Mantel die Bewegung der Platten, aber auf der frühen Erde waren die Platten so schwach, dass sie bei Beginn der

Subduktion schnell auseinanderbrachen, wodurch sich der absinkende Teil löste und der Prozess gestoppt wurde. Auf diese Weise konnten sich frühe Granitsteine bilden, allerdings nur in begrenzter Menge. Als der Mantel im Laufe der Zeit kühler wurde, wurde die Lithosphäre stärker und leitete das heutige Regime der Plattentektonik ein.

Die früheste tektonische Geschichte der Erde bleibt vielleicht unsicher, aber viele Geologen argumentieren, dass vor drei Milliarden Jahren die Plattentektonik in der mehr oder minder heutigen Form begonnen hatte, unseren Planeten zu gestalten. Das hatte tiefgreifende Folgen. Der australische Geologe Simon Turner und seine Kollegen fassen das gut zusammen, wenn sie sagen: »Auf mehrere Weisen hat der Beginn der Subduktion die Prozesse in Gang gesetzt, die die Erde hervorbrachten, wie wir sie heute kennen, und die Umgebung, von der wir abhängig sind.«

Plattentektonik ist keine unumgängliche Konsequenz bei der Bildung eines Planeten. Der Mars und die Venus zeigen zum Beispiel keine Hinweise auf ältere oder laufende Plattenverschiebungen. Auf der Erde setzte sie jedoch schon recht früh ein und schob damit physikalische Prozesse an, die die Oberfläche der Erde formten und, wie wir noch sehen, ihre Umgebung erhalten. Dadurch wurde die Erde zu mehr als nur einem Planeten mit Meeren und einer Atmosphäre, mit Bergen und Vulkanen. Sie wurde zu einem Planeten, auf dem Leben möglich war.

3

Biologie

AUF DER ERDE ENTSTEHT LEBEN

ANFANG 2004 LANDETE der Erkundungsroboter *Opportunity* im Eagle-Krater, einer kleinen Vertiefung auf der Marsoberfläche. Ich kann mich noch deutlich an diese Nacht erinnern, in der ich die Landung von der Basis der Mission am Jet Propulsion Laboratory mitverfolgte, weil ich das Glück hatte, Teil des Wissenschaftlerteams des Roboters zu sein. Als die NASA die geglückte Landung von *Opportunity* verkündete, gab es strahlende Gesichter, Umarmungen und viel Händeschütteln. Als die ersten Bilder des Erkundungsroboters über unsere Bildschirme flackerten, steigerte sich die Freude geradezu zur Euphorie: *Oppy* war nur ein paar Meter neben einem Vorsprung von geschichtetem Sedimentgestein gelandet. So wie es die Geologen auf der Erde seit über einem Jahrhundert taten, so konnten wir jetzt die physikalischen und chemischen Eigenheiten dieser Schichten nutzen, um die planetarische Geschichte des Mars zu rekonstruieren.

Im Laufe der nächsten Wochen gab es immer neue Entdeckungen. Das Alter des Gesteins ist und bleibt unklar. Es ist nicht leicht, eine Zeitlinie für den Mars zu erstellen, wenn man kein gut datiertes Vulkangestein zur Verfügung hat, doch allgemeine Schätzungen lassen vermuten, dass die Schichten aus dem Eagle-Krater sich vor 3,5 bis 3 Milliarden Jahren gebildet haben und etwa so alt sind wie die ältesten kleinen metamorphen Sedimente auf der Erde. Das Gestein selbst ist Sandstein, und ein Teil davon zeigt ein Wellenmuster, wie man es dort sieht, wo Wellen über einen Strand spülen. Derartige Muster wie im Eagle-Krater entstehen nur durch fließendes Wasser. Gleichzeitig ergab jedoch die chemische Analyse, dass die Körner und Bindemittel aus dem Eagle-Sandstein hauptsächlich aus Salzen bestehen – Mineralien, die sich in diesem Fall durch die Reaktion von Wasser mit Vulkangestein gebildet haben. Der heute so kalte und unwirtliche Mars muss einmal relativ warm und feucht gewesen sein.

Fünf Wochen nach der Landung hielt die NASA eine Pressekonferenz, um diese Entdeckung zu verkünden. Beim vorherigen Briefing im Hauptquartier der NASA gab es nur eine Regel: Die Wissenschaftler des Teams durften nur von Wasser, nicht aber von Leben sprechen. Trotzdem berichtete eine Stunde nach der detaillierten Beschreibung der Spuren von Wasser im Gestein des Eagle-Kraters so ziemlich jeder Nachrichtendienst der Welt atemlos von Leben auf dem Mars. Die Schlagzeile von CNN Online lautete zum Beispiel: »Auf dem Roten Planeten könnte Leben existiert haben.« Das Magazin *Wired* war zurückhaltender als die meisten anderen und schrieb auf der Website lediglich: »Auf dem Mars hätte es einst Leben geben können, aber war das wirklich so?«

Die Pressekonferenz zum Mars veranschaulicht, was die meisten von uns – von Teenagern bis zu Nobelpreisträgern – an fremden Planeten am interessantesten finden. Es ist nicht das Gestein, nicht das Salz oder der Wind, nicht einmal das Wasser, jedenfalls nicht als solches allein. Wir sehen gebannt auf die Erforschung der Planeten, weil wir auf ihnen (und gegebenenfalls ihren Monden) Leben finden können. In unserem Sonnensystem – und nach unserem Wissensstand im ganzen Universum – ist die Erde der einzige biologische Planet. Wir wissen noch nicht, ob sich jemals irgendwo anders Leben angesiedelt hat. Es gibt eine kleine Chance, dass sich auf irgendeinem verwässerten Außenposten unseres Sonnensystems wie Europa oder Enceladus (eisige Monde von Jupiter und Saturn) irgendwelche Mikroben finden. In unserer unmittelbaren planetaren Nachbarschaft jedoch schuf sich Leben nur auf der Erde eine Heimat. Warum hier? Warum, um es mit Humphrey Bogart zu sagen, »von allen Kneipen in allen Städten dieser Welt« wuchs und gedieh das Leben ausgerechnet in unserer bescheidenen Ecke der Milchstraße? Und wie hat das Leben unseren Planeten verändert?

Gehen wir zunächst einen Schritt zurück und fragen uns, was wir eigentlich zu verstehen versuchen. Was ist Leben eigentlich? Einem alten Witz zufolge beginnt es, wenn der Hund gestorben ist und die Kinder aus dem Haus sind, aber wenn wir die Frage ernst nehmen, wollen wir wissen, was uns – und Hunde und Eichen und Bakterien – eigentlich von Bergen und Tälern, Vulkanen und Mineralien unterscheidet. Ausgehend von unserem eigenen Leben und dem unserer Kinder könnte man sagen, dass Organismen wachsen. Das stimmt, aber das tun Kristalle auch. Doch Organismen wachsen nicht nur, sie reproduzieren sich und vervielfachen sich im Laufe der Zeit. Organismen sammeln Energie und Materie, die sie dafür brauchen, aus ihrer Umwelt – in einer Reihe von Prozessen, die die Biologen als Stoffwechsel bezeichnen. Und was entscheidend ist: Leben entwickelt sich. Ein einmal gewachsener Quarzkristall wird sich nicht in einen Diamanten verwandeln, aber im Laufe von Milliarden von Jahren ist aus den ersten einfachen Organismen auf der Erde eine unglaubliche Vielfalt von Arten entstanden, von der eine die Frechheit besitzt, zu fragen, wie es dazu kam.

Das Leben zeichnet sich demnach durch Wachstum und Reproduktion aus, durch Stoffwechsel und Evolution. Wenn man so den Begriff des Lebens, wie wir es kennen, einigermaßen beschreiben kann, wie sahen dann wohl die ersten Organismen aus? Sie hatten sicher keine Zähne oder Knochen, Blätter oder Wurzeln. Die einfachsten Organismen heute sind Bakterien und ihre winzigen Verwandten, die Archaeen, winzige Organismen, die alles, was man für Wachstum, Reproduktion, Metabolismus und Evolution braucht, in eine einzige Zelle packen. Der kleinste gemeinsame Vorfahr aller heutigen Organismen muss den Bakterienzellen nahegekommen sein, doch selbst die einfachsten Bakterien sind komplizierte Molekülmaschinen, ein Produkt der Evolution, nicht ihr Ausgangspunkt.

Am Nationalmuseum für Naturgeschichte des Smithsonian Institute gab es jahrelang ein humorvolles, aber aufschlussreiches Video in den Präsentationsräumen zur frühen Erdgeschichte. Es zeigte Julia Child, die einer ganzen Generation von Amerikanern als Fernsehköchin bekannt war. Mit der gleichen entzückten Stimme, mit der sie ihre Zuschauer durch die Rezepte von Bœuf bourguignon leitete, präsentierte sie ein Rezept für die »Ursuppe«, die Mischung aus einfachen Chemikalien, von der man annimmt, dass sie die Quelle des Lebens darstellte. Die Vorstellung, dass es eine Art »Rezept« für Leben gibt, ist zugegebenermaßen recht vereinfachend, jedoch interessant, wenn man die komplexen Organismen in ihre Einzelteile aufbricht, die Moleküle des Lebens.

Organismen sind chemische Maschinen, die sich im Laufe der Zeit verändern – sozusagen Chemie mit Geschichte. Daher konzentriert sich die Laborforschung über die Entstehung des Lebens darauf, wie sich die chemischen Komponenten der Zellen auf der leblosen Erde bilden konnten, zum Beispiel die Proteine, die strukturellen und funktionalen Arbeitstiere der Zellen. Die Proteine in unserem Körper können ziemlich groß und kompliziert sein, doch alle werden aus relativ einfachen Komponenten gebildet, den sogenannten Aminosäuren – von denen die Proteine in der Regel zwanzig verschiedene enthalten. Aneinandergereiht ergeben sie funktionierende Strukturen, ähnlich wie wir Buchstaben zu Wörtern und Sätzen mit einer bestimmten Bedeutung zusammenfügen. Wenn man also Aminosäuren synthetisch herstellen kann, erhält man die Bausteine der Proteine. 1953 zeigten Stanley Miller und Harold Urey, wie das auf der frühen Erde geschehen sein kann. Sie füllten ein Glasgefäß mit Kohlendioxid (CO_2), Wasserdampf (H_2O), Methan oder Naturgas (CH_4) und Ammoniak (NH_3). Es war eine Mischung der einfachen Moleküle, von denen sie annahmen, dass sie in der frühen Erdatmosphäre vorhanden waren. Als Miller einen Funken durch das Gefäß schickte, um einen Blitz auf der Erde zu simulieren, färbten sich die Wände des Gefäßes braun. Der braune Schleim, der das Gefäß überzog, bestand aus organischen Molekülen – darunter auch aus Aminosäuren. In einem bahnbrechenden Experiment bewiesen Miller und Urey, dass die Grundbausteine allen Lebens durch einen natürlichen Prozess entstehen konnten.

Auf die gleiche Weise können wir die DNA betrachten. Die DNA, der Bauplan der Zellen und das evolutionäre Gedächtnis, ist fürchterlich komplex, aber sie besteht nur aus vier unterschiedlichen Komponenten, die man Nukleotide nennt. Die Komplexität – und die Informationen – der DNA liegen in der linearen Anordnung dieser Nukleotide im Molekül. Wie die Aminosäuren in den Proteinen bilden die Nukleotide in der DNA das Alphabet, mit dem die Informationen verschlüsselt werden. Die Nukleotide selbst können wiederum in noch einfachere Komponenten aufgespalten werden: Zucker, Phosphat-Ion (PO_4^{3-}) und ein einfaches organisches Molekül namens Base. Diese Basen können aus Wasserstoffcyanid (HCN) und anderen einfachen Komponenten zusammengesetzt werden, die es schon gab, als die Erde noch jung war. Darüber hinaus wissen wir seit mehr als einem Jahrhundert, dass Zucker aus einfachen Vorstufen wie Formaldehyd (CH_2O) gebildet wird, die ebenfalls schon in den frühen Stadien der Erde vorhanden waren. Phosphat-Ionen kamen aus den chemischen Verwitterungsprozessen des Vulkangesteins. Die Verbindung dieser Komponenten zu Nukleotiden hat die Wissenschaft jahrzehntelang beschäftigt, doch 2009 erschuf der britische Chemiker John Sutherland mit seinen Kollegen zwei Arten von Nukleotiden unter plausiblen Bedingungen der frühen Erde.

Und schließlich gibt es noch die Lipide, die molekularen Bestandteile der Membranen um alle Zellen. Wie Proteine und DNA bestehen auch sie aus einfacheren Einheiten, in diesem Falle aus langen kettenartigen Molekülen, die man Fettsäuren nennt. Auch diese entstanden wahrscheinlich chemisch auf der frühen Erde. Interessant ist, dass sich Fettsäuren in Wasser, wenn man es verspritzt oder verdampft, spontan zusammentun und kugelförmige Mikrostrukturen bilden, die viel mit den Membranen um die Bakterien gemeinsam haben.

Die grundlegenden Bausteine für Leben, die Moleküle, aus denen unsere Zellen zusammengesetzt sind, können also durch natürliche Prozesse unter den Umständen entstehen, die man aller Wahrscheinlichkeit nach in der Kindheit unseres Planeten lokal, wenn nicht sogar überall, vorgefunden hat. Hierbei muss man unterstreichen, dass diese Schlussfolgerung nicht rein theoretisch oder experimentell begründet ist. Wir wissen, dass derartige Reaktionen wie die eben beschriebenen vor Milliarden von Jahren tatsächlich stattfanden. Das lässt sich an den Meteoriten ablesen, den bemerkenswerten Relikten unseres Sonnensystems in statu nascendi. Kohlenstoffhaltige Chondriten, die wir bereits als Quelle für Wasser und Kohlenstoff für die sich bildende Erde kennen, weisen eine beeindruckende Vielfalt an organischen Molekülen auf, darunter Aminosäuren (70 verschiedene Arten!), Zucker, Fettsäuren und mehr. Die Chemikalien, aus denen Leben entstehen kann, sind im Universum wahrscheinlich weit verbreitet.

So weit, so gut. Aber jetzt wird die Sache komplizierter. Man weiß, dass sich Aminosäuren zu kürzeren linearen Molekülen zusammenschließen können, den sogenannten Peptiden – sehr einfache Gebilde im Vergleich zu den Proteinen. Nukleotide sind zu ähnlichen Leistungen imstande. In solchen Molekülen scheinen Funktion und Gedächtnis zugleich enthalten zu sein, doch bei lebenden Organismen liefert die DNA die molekularen Rezepte für die Proteinsynthese, während die Proteine benötigt werden, um die DNA zu reproduzieren. Wie können wir das Dilemma um die Henne und das Ei und was zuerst kam lösen?

Die Antwort könnte darin liegen, dass die ersten Protoorganismen weder DNA noch Proteine enthielten. Als ich in den 1970er-Jahren Biologie studierte, betrachtete man RNA, die ebenfalls aus Nukleotiden besteht, als die Hebamme der Zellen, eine Reihe von Molekülen, die die Transkription von DNA in Proteine vorgaben, die von einer winzigen intrazellulären Struktur namens Ribosom durchgeführt wurde. Seitdem hat sich jedoch das Wissen um die Diversität von RNA-Molekülen vervielfacht und eine ganze Reihe von Funktionen wurden ihr zugewiesen. RNA speichert Informationen wie DNA, aber einige RNAs verhalten sich wie Enzyme und verrichten das molekulare Werk der Zellen in einer Art und Weise, die man früher für das ausschließliche Fachgebiet der Proteine hielt. Heute weiß man auch, dass kleine RNA-Moleküle bei der Regulierung der Genexpression eine Rolle spielen. Und als die Biologen die molekularen Tiefen der Ribosome ausloteten, fanden sie im Herzen der Strukturen RNA. Schließlich zeigten neuere Experimente auch, dass im Labor erzeugte RNA-Moleküle sich durch Selektion entwickeln können, um spezifische Aufgaben zu übernehmen. Die Entdeckung, dass RNA-Moleküle Informationen speichern, wie Enzyme wirken und sich entwickeln können, führte zu einem kühnen Gedanken: Vielleicht entstanden die frühesten Einheiten, die sich reproduzierten und entwickelten, gar nicht aus DNA und Proteinen, sondern aus RNA?

Die RNA-Welt-Hypothese fasziniert viele, die den Ursprung des Lebens studieren. Ein frühes RNA- (oder RNA-ähnliches) Molekül in einer spontan gebildeten Lipidkugel könnte wachsen, sich reproduzieren und sich schließlich zu größerer molekularer Komplexität und Spezifizität entwickeln. Im Laufe der Zeit würde sich aus den RNA-Vorläufern DNA entwickeln und ein weit stabileres Lager für Zellinformationen stellen, aber andere funktionale Rollen aufgeben. Und als Aminosäuren mit RNA und DNA interagierten, entstanden Proteine, die im Allgemeinen viel schneller sind als RNA-Enzyme, und übernahmen die meisten strukturellen und funktionalen Aufgaben. Interessanterweise ergaben neuere Forschungen, dass die Bausteine sowohl von DNA als auch von RNA unter plausiblen präbiotischen Voraussetzungen entstanden sein konnten, was die Möglichkeit zulässt, dass der Tanz zwischen DNA und RNA in jeder lebenden Zelle schon von Anfang allen Lebens an existiert haben könnte.

Die große Herausforderung für die RNA-Welt-Hypothese besteht darin, den Stoffwechsel mit in die Rechnung einzubeziehen. Vielleicht handelte es sich bei den ersten lebenden Dingen um einfache lipidumhüllte RNA-Moleküle, die wuchsen, sich reproduzierten und entwickelten, ohne eine besondere Maschinerie zur Interaktion mit ihrer Umgebung. Das ist sicherlich möglich und viele Wissenschaftler unterstützen diese Idee. Aber wenn der Stoffwechsel auch nicht zwingend notwendig war, um das erste Leben zu erzeugen, so ist er doch in vielerlei Hinsicht das, was das Leben interessant macht, da er die Organismen dazu befähigt, mit den Meeren und der Atmosphäre zu interagieren und letztendlich die Zusammensetzung beider zu verändern. Davon ausgehend betraten manche Wissenschaftler das Labyrinth um den Ursprung des Lebens durch ein anderes Tor, eines, das den Metabolismus über die Information stellt. So gesehen tauchten die ersten Anzeichen für Metabolismus an energiereichen heißen Quellen tief im Inneren der ozeanischen Gräben auf.

Die Stoffwechsel-zuerst-Hypothese hat das gegenteilige Problem wie die RNA-Welt-Hypothese. Sie bietet faszinierende Hinweise darauf, wie das entstehende Leben begann, auf seine Umgebung zu reagieren. Versucht man jedoch, von dieser Grundlage aus die Informationen von DNA, RNA und Proteinen zu ergründen, klingt das sehr nach »Am sechsten Tag …«. Die Klärung der Frage nach dem Ursprung des Lebens bleibt also ein unvollendetes Werk. Was wir sicher wissen, ist, dass auf der primitiven Erde irgendwie sich selbst reproduzierende, stoffwechselnde und sich weiterentwickelnde Zellen entstanden, die den Weg für die Umwandlung des Planeten bereiteten. (Soweit ich weiß, sind einige Wissenschaftler von Panspermie begeistert, der Theorie, dass das Leben auf der Erde von anderswo ausgesät wurde, entweder physikalisch oder durch Aliens. Vielleicht wurden durch den Aufprall von Meteoriten auf dem Mars oder einem anderen Planeten Mikroben ins All geschleudert, die schließlich auf der fruchtbaren Erde landeten. Es ist nicht klar, ob ein solcher Inkubator in unserem frühen Sonnensystem existiert hat, und die Aussaat von einem Planeten außerhalb unseres Sonnensystems, ob auf natürliche Weise oder nicht, wäre aufgrund der langen Reisezeit und der geringen Aussicht, ausgerechnet in einer Umgebung zu landen, in der immigrierende Mikroben überleben können, extrem unwahrscheinlich. Und selbst wenn wir uns auf solche Ideen einlassen würden, würden sie das Problem des Ursprungs nicht lösen. Sie verlagern es nur in Raum und Zeit.)

Wenn wir auch nicht ganz verstehen, wie das Leben entstand, so können wir doch möglicherweise einschätzen, wann es auf der Erde Fuß fasste, und so herausfinden, wie die Erdoberfläche zu dieser Zeit beschaffen war. Damit wird das Problem geologisch, da es auf der Voraussetzung beruht, dass mikrobiologisches Leben, das weit älter ist als das von Pflanzen und Tieren, sichtbare Spuren im Gestein hinterlässt. Aber können so winzige und scheinbar zerbrechliche Organismen wie Bakterien überhaupt Spuren hinterlassen, die das Leben auf der frühen Erde ebenso dokumentieren wie Dinosaurierknochen und versteinertes Holz in jüngeren Epochen?

Als junger Paläontologe reiste ich vor vielen Jahren in die Arktis nach Spitzbergen, um dort nach Beweisen für altes mikrobiologisches Leben zu suchen. Die von den Gletschern geformten Felsen dort zeigen mehrere Tausend Meter von Sedimentgestein, das vor 850 bis 720 Millionen Jahren abgelagert wurde (siehe Abbildung 9). Knochen oder Muscheln finden sich dort nicht und auch keine Spuren in den einzelnen Oberflächen. Als dieses Gestein entstand, lag die Entstehung von Tieren, aus denen Fossilien entstanden sein könnten, noch Millionen von Jahren in der Zukunft. Doch wenn man weiß, wonach man suchen muss, kann man die Signatur des Lebens an den Felsen von Spitzbergen deutlich ablesen.

Beginnen wir mit Kieselgestein, das auch Feuerstein genannt wird – einem besonders harten Gestein, das aus feinkörnigem Quarz besteht. Vielleicht kennen einige Leser die Feuersteinkirchen im südöstlichen England, deren Fassade aus glänzenden schwarzen Steinen besteht, dem härtesten Gestein, das ihre Erbauer im Mittelalter kannten. Um den Ursprung dieser besonderen Felsen zu erkennen, müssen wir uns die White Cliffs of Dover ansehen. Diese großartigen Kalksteinklippen

Abb. 9 Eine Klippe aus 800 bis 750 Millionen Jahre altem Sedimentgestein im gletschergeformten Hochland von Spitzbergen. Dieses Gestein und ähnliches, das auf der ganzen Welt gefunden wurde, bewahrt den Beweis für ein reiches mikrobiologisches Leben, das lange vor dem Entstehen von Pflanzen und Tieren bestand.

enthalten jede Menge Knollen von schwarzen Kieselgesteinen, die vor etwa 70 Millionen Jahren durch Ausfällungsprozesse in den Kalksteinablagerungen auf dem Meeresboden entstanden sind. Sie sind schwarz, weil sie organisches Material enthalten, das in den Knollen eingeschlossen wurde, als diese wuchsen. Der paläontologische Reiz von Kieselgestein liegt in seiner Fähigkeit, altes biologisches Material für alle Zeit zu bewahren, einschließlich der Fossilien winziger Organismen, die in den Sedimentschichten begraben liegen.

In Spitzbergen zeigen sich in Tälern, die vom Gletschereis gegraben wurden, dicke Schichten von Kalkstein, der zum Teil schwarze Kieselknollen enthält wie die White Cliffs (siehe Abbildung 10). Bei der Untersuchung papierdünner Scheibchen dieses Gesteins unter dem Mikroskop zeigt sich eine versteinerte mikrobiologische Welt voller wunderschöner, wenn auch winziger Fossilien (siehe Abbildungen 11 und 12). Viele davon kann man als Cyanobakterien identifizieren, photosynthetische Bakterien, die, wie sich noch zeigen wird, eine außerordentlich große Rolle in der Erdgeschichte spielen werden. Des Weiteren gibt es Fossilien von kleinen Algen und Protozoen im Kieselgestein, und in den Schlammablagerungen des flachen Meeres finden sich weitere Mikrofossilien, die wie alte Valentinsblumen zwischen den Felsschichten gepresst wurden (siehe Abbildung 13). Die Fossilien in diesem und ähnlich altem Gestein in anderen Teilen der Welt demonstrieren, dass sich Tiere in einer Welt entwickelten, die bereits voller Leben war, hauptsächlich voller Mikroorganismen.

Wäre man an der Küste entlangspaziert, als sich der Kalkstein von Spitzbergen bildete, hätte man wahrscheinlich eine scheinbar endlose Küstenlinie gesehen, die von dichten Matten aus Cyanobakterien und anderen Mikroorganismen, die die Gezeitenzone bis oben überzogen, blaugrün gefärbt war. Ein Stück vor der Küste wäre man wahrscheinlich auf weitere blaugrüne Gebilde gestoßen, die vom Meeresboden aus nach oben ragten. Es sind Stromatolithen, fossile Riffe, die von Mikrobenansammlungen auf dem alten Meeresboden gebaut worden sind. Heutzutage werden Riffe hauptsächlich von Tieren mithilfe von skelettbildenden Algen aufgebaut, aber schon lange vor dem Auftreten von Tieren gab es auf der Erde Riffe, die von mikrobiologischen Architekten erzählen. Fein geschichtete Kuppeln, Säulen und Kegel bis zu mehreren Metern Dicke zeigen sich in den Felswänden von Spitzbergen (siehe Abbildung 14). Man kann sie recht sicher interpretieren, denn an mehreren Orten auf der Welt, wo Mikroben am Meeresboden vor Tieren und

Abb. 10

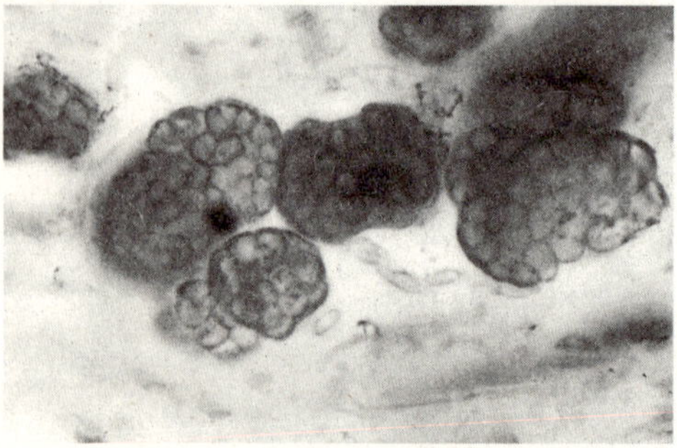

Abb. 12

Abb. 10–13 Knollen von schwarzem Kieselgestein kommen in den Schichtungen von Spitzbergen vor (Abb. 10). Darin sind viele unterschiedliche Mikrofossilien von Cyanobakterien (Abb. 11 und 12) und anderen Mikroorganismen enthalten. Tonstein in den gleichen Schichten hat schöne Fossilien von einzelligen eukaryotischen Mikroorganismen bewahrt (Abb. 13).

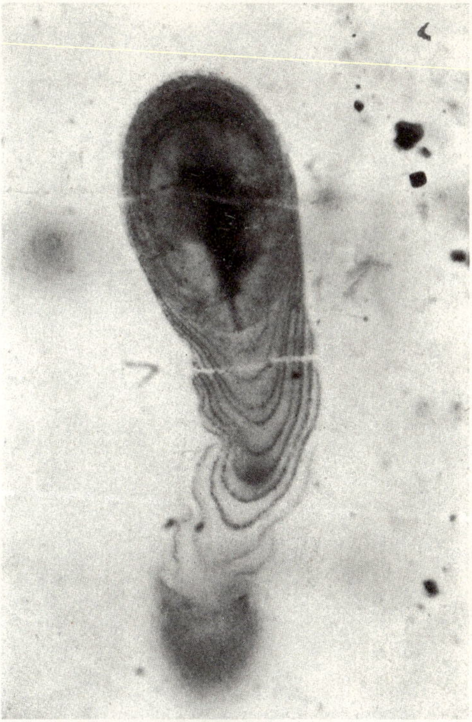

Abb. 11

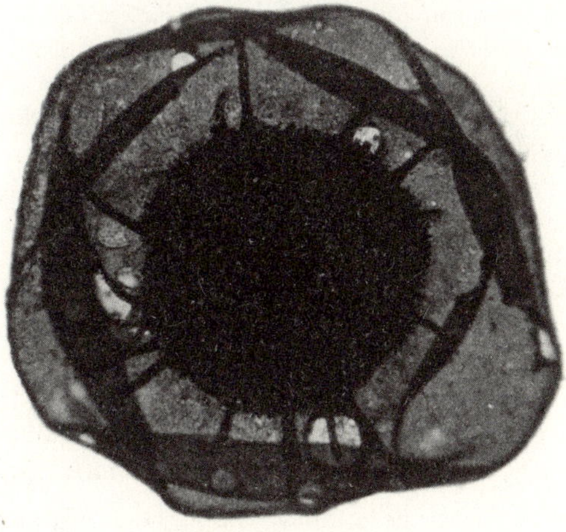

Abb. 13

Abb. 14 Stromatolithen, zusammengeklebte Strukturen, die sich bildeten, wenn mikrobielle Gemeinschaften feinkörnige Sedimente einfingen und an einem Ort ablegten. Mikrobielle Gemeinschaften kolonisierten die festen Oberflächen von Kieseln und wuchsen durch die Ansammlung von Sedimenten in die Höhe, wie die feine Schichtung auf dem Bild zeigt. Die Säulen auf der rechten Seite haben einen Durchmesser von circa 5 Zentimetern.

Seegras geschützt sind, bilden sich auch heute noch Stromatolithen. In einer solchen Umgebung – wie auf der alten Erde – fangen, binden und zementieren mattenartige Mikrobenzusammenschlüsse Sedimente und bauen im Laufe der Zeit Schicht für Schicht felsige Gebilde auf.

In der Chemie zeigen sich noch weitere mikrobiologische Signaturen. Hier sind die schon in Kapitel 1 erwähnten Isotope der Schlüssel.

Wie bereits erwähnt, verfügt Kohlenstoff, das grundlegende Lebenselement, über zwei stabile Isotope: Carbon-12 (^{12}C) und Carbon-13 (^{13}C). Kohlenstoffisotope erzählen die Geschichte alter Biologie, denn wenn photosynthetische Organismen Kohlendioxid in organische Moleküle einbauen, dann wählen sie vorzugsweise CO_2 mit dem leichteren Isotop ^{12}C anstatt des schwereren ^{13}C. Dabei treffen die Organismen keine bewusste Wahl, es ist nur so, dass das leichtere CO_2 besser mit den Enzymen in der Zelle reagiert. Wenn also genügend CO_2 vorhanden ist, werden photosynthetische Organismen organisches Material produzieren, das im Vergleich zu anorganischem Kohlenstoff in der Umwelt leicht mit Carbon-12 angereichert ist. Der Unterschied beträgt nur ein paar Teile auf tausend gerechnet, lässt sich aber mit Geräten namens Massenspektrometer genau berechnen. Geht man heutzutage beispielsweise auf die Bahamas und misst die carbonisotopische Zusammensetzung des Kalksteins und der organischen Materie darin, würde man feststellen, dass sich Kalkstein und organisches Material um 25 Promille unterscheiden. Auf Spitzbergen würde diese Untersuchung ähnliche Resultate liefern, was bedeutet, dass vor 850 bis 720 Millionen Jahren ein biologischer Kohlenstoffzyklus existierte. Schwefelisotope, die sich in Pyrit und Gips/Selenit erhalten haben, weisen auf ähnliche Weise einen alten Schwefelkreislauf nach.

Und schließlich enthält altes Gestein manchmal wirkliche Biomoleküle, die von Organismen produziert wurden und lange nach dem Tod ihres Erzeugers im Stein erhalten blieben. Idealerweise würden wir gerne auch DNA und Proteine finden, aber bei richtig altem Gestein werden derartige Wünsche selten erfüllt. Im letzten Jahrzehnt hat es eine bemerkenswerte Revolution bei der Untersuchung alter DNA gegeben, aber bis heute stammt die älteste zuverlässig gewonnene DNA aus Knochen oder Muscheln, die kaum zwei Millionen Jahre alt sind. Auch Proteine – die gute Nahrung für Bakterien und Pilze darstellen – finden sich fast nur im jüngsten Gestein. Was sich erhält, sind Lipide, die widerstandsfesten

Bestandteile der Membranen. Ich sage meinen Studenten gerne, dass, wenn sie sterben, das Letzte, was von ihnen für zukünftige Generationen übrig bleibt, ihr Cholesterol ist. Bislang haben die Felsen von Spitzbergen noch nicht viel an erhaltenen Biomolekülen preisgegeben, aber anderes Gestein ähnlichen Alters hat molekulare Spuren verschiedener Mikroorganismen verzeichnet. Insgesamt kann das mikrobielle Leben also verschiedene Signaturen in Sedimentgestein hinterlassen und in dem 850 bis 720 Millionen Jahre alten Gestein auf Spitzbergen und anderswo sind sie im Übermaß erhalten.

Wie weit können wir den Spuren des Lebens in die Vergangenheit folgen? Ich habe an Gestein in Australien und Sibirien gearbeitet, das 1,6 bis 1,5 Milliarden Jahre alt ist, und auch dieses, doppelt so alt wie das in Spitzbergen, enthält Mikrofossilien, Stromatolithen, Biomarker-Moleküle und isotopische Beweise für mikrobielle Kohlenstoff- und Schwefelkreisläufe. Verdoppelt man das Alter noch einmal, gelangt man zu den ältesten Sedimentgesteinen, die gut genug erhalten sind, um nach biologischen Signaturen zu suchen: 3,5 bis 3,3 Milliarden Jahre alte Schichten, die sich in entlegenen Ecken von Südafrika und Westaustralien erhalten haben. Diese seltenen Überlebenden aus der Jugendzeit der Erde bestehen hauptsächlich aus vulkanischen Strömen und Asche, aber dünne Ablagerungen von Sedimenten ermöglichen es uns, die Frage nach dem Alter des Lebens zu stellen. Berichte von Mikrofossilien aus kieselreichem Gestein erwiesen sich als umstritten, da sich die einfachen organischen Mikrostrukturen durch hydrothermische Flüssigkeiten gebildet haben könnten, die lange nach der eigentlichen Ablagerung durch das Sediment gesickert sind. Andererseits wurde das Gestein durch die Umwälzungen und tektonischen Deformationen stark erhitzt, sodass jegliche Biomarker-Moleküle, die dort eventuell vorhanden waren, vernichtet wurden. Isotope allerdings deuten darauf hin, dass die Erde schon früh von Mikroben mit Kohlenstoff- und Schwefelkreisläufen in der aufkeimenden Biosphäre bewohnt war. Und Stromatolithen zeugen von mikrobiellen Gemeinschaften auf dem flachen Meeresboden (siehe Abbildung 15).

Vor 3,5 Milliarden Jahren war die Erde also schon ein biologischer Planet. Und einige Beobachtungen deuten an, dass es sogar noch früher schon Leben gab. An den Fjorden im Südwesten von Grönland enthalten die Felsen an der Küste wirkliche Seltenheiten: Vulkan- und Sedimentgestein, das etwa 3,8 Milliarden Jahre alt ist. Da es ziemliche Metamorphosen durchlaufen hat, ist das organische Material, das ursprünglich im Sediment erhalten war, durch Hitze und Druck zu Graphit geworden. Doch die Zusammensetzung der Kohlenstoffisotope dieses Materials sieht ganz ähnlich aus wie die des organischen Materials in jüngerem Gestein und lässt auf einen biologischen Kohlenstoffzyklus schließen.

Abb. 15 Stromatolithen in 3,45 Milliarden Jahre altem Sedimentgestein aus Westaustralien. Gemeinsam mit den Nachweisen von Kohlenstoff- und Schwefelisotopen dokumentieren diese Strukturen die Anwesenheit von mikrobiellem Leben schon sehr früh in der Geschichte der Erde. Der Maßstab ist 15 Zentimeter lang.

Wie schon in Kapitel 2 erwähnt, wurde in einem 4,1 Milliarden Jahre alten Zirkonkristall aus den Jack Hills in Australien ein winziger Krümel Graphit mit verringerten ^{13}C-Werten gefunden. Es ist nicht sicher, ob dieser uralte Kohlenstoff nicht tief im Inneren der Erde gebildet wurde, wo er in den wachsenden Zirkonkristall eingeschlossen wurde, aber die Botschaft ist klar. Bevor uns die Beweise für Leben auf der Erde ausgehen, gehen uns die Gesteinsproben aus, die wir daraufhin untersuchen könnten. Die Erde war jedenfalls den größten Teil ihrer Existenz ein biologischer Planet.

Was sagt uns die Geologie über unseren Planeten zu der Zeit aus, als vor vielleicht vier Milliarden Jahren das Leben auf der Erde seinen Anfang nahm? Wie bereits gezeigt, war die junge Erde ein Planet voller Wasser, mit Vulkanen und kleinen kontinentartigen Massen, die sich über die Wellen erhoben. Energie für präbiotische chemische Reaktionen war überall vorhanden: Die Oberfläche der Erde wurde mit ultravioletter Strahlung bombardiert und der Zerfall radioaktiver Isotope sorgte für weitere Energiestrahlung. Die Hitze der Vulkane und hydrothermischen Systeme war allgegenwärtig und die frühe Atmosphäre war von Blitzen durchzuckt. Heiße Umgebungen wie hydrothermische Quellen und ozeanische Spalten traten lokal auf, wie es heute noch der Fall ist (etwa der Geysir Old Faithful im Yosemite-Nationalpark), aber die neuesten Daten lassen ein Meer und eine Atmosphäre vermuten, deren Temperaturen sich nicht allzu sehr von denen heutzutage unterscheiden.

Das stellt an und für sich ein Rätsel dar, da Modelle für die stellare Evolution vermuten lassen, dass die Sonne vor vier Milliarden Jahren nur etwa 70 Prozent ihrer heutigen Leuchtkraft hatte. Warum war die Erde kein Eisklumpen, wenn die Sonne so schwach war? Die Antwort liegt in den »Treibhausgasen«, dem Fluch der Klimakatastrophe des 21. Jahrhunderts, aber dem langfristigen Garanten für ein lebensfreundliches Klima. Besonders Kohlendioxid muss in der Atmosphäre in hundertmal höherer

Konzentration vorhanden gewesen sein als heute und sorgte dafür, dass die junge Erde warm genug war, dass das Wasser auf ihrer Oberfläche flüssig blieb. Die frühe Atmosphäre schien hauptsächlich aus Stickstoffgas und Kohlendioxid bestanden zu haben, aber auch aus Wasserdampf und verschiedenen Mischungen von Wasserstoffgasen. Wie in Kapitel 1 bereits bemerkt, fiel bei den chemischen Untersuchungen alten Sedimentgesteins deutlich auf, dass Sauerstoffgas fehlte. Für den Ursprung des Lebens ist das gut, denn wenn wir aus Tausenden von Experimenten eines gelernt haben, dann, dass präbiotische chemische Reaktionen nicht funktionieren, wenn O_2 dabei ist.

Das Leben entstand also auf einer Erde, die aus heutiger Sicht betrachtet kaum wiederzuerkennen wäre. Viel Wasser und wenig Land, viel Kohlendioxid und wenig oder gar kein Sauerstoff, Wasserstoff und andere Gase blubbern gelegentlich hervor und überall treten heiße Quellen auf – ein globales Island sozusagen. Das war der Amboss, auf dem das Leben geschmiedet wurde, und wenn man da gewesen wäre (natürlich nur mit eigenem Sauerstoffvorrat), wären einem die Veränderungen, die vor sich gingen, gar nicht aufgefallen. Doch seit seinem bescheidenen Anfang begann das Leben sich auszubreiten und sich in verschiedene Richtungen zu entwickeln und besiedelte die Erde mit Bakterien, Algen, Mammutbäumen und uns und veränderte damit die Oberfläche des Planeten bis zum heutigen Tag.

GEOLOGISCHE ZEITSKALA

»Wie bei jeder anderen auf Beobachtungen basierenden Wissenschaft können wir feststellen, dass die großen gemischten Gesteinsmassen der Erdkruste in natürlichen Gruppen angeordnet sind und dass diese Gruppen in einer bestimmten Reihenfolge stehen.« Mit diesen Worten fasst der englische Geologe Adam Sedgwick die große wissenschaftliche Revolution des 19. Jahrhunderts zusammen: die Erkenntnis des Alters unseres Planeten und dessen Chiffrierung in der geologischen Zeitskala.

1835 definierte Sedgwick das kambrische System, eine Abfolge von Sedimentgestein in Wales, das sich durch seine Geometrie und seine räumliche Positionierung unter den paläontologisch unterscheidbaren Schichten des silurischen Systems von anderen Gesteinslagen abhob. Dasselbe wurde etwa zur gleichen Zeit von einem anderen britischen Geologen, Sir Roderick Impey Murchison, festgestellt. Innerhalb weniger Jahrzehnte wurden eine Reihe von Systemen definiert und aufgrund ihrer stratigrafischen Beziehung zueinander in eine relative Reihenfolge gestellt. Silurisches Gestein war immer jünger als kambrisches, weil es stets über dem Gestein des kambrischen Systems lag. Devongestein ist noch jünger. Die Zeiträume, innerhalb deren sich dieses Gestein ablagerte, wurde als Periode bezeichnet, und die Fossilien wurden als Zeitnehmer der Erde erkannt. Das Ergebnis war die geologische Zeitskala oder zumindest der Teil davon, der uns heute als Phanerozoikum bekannt ist (das Zeitalter sichtbarer tierischer Fossilien).

Zu Beginn des 20. Jahrhunderts hatte man den relativen Zeitpunkt der in den jüngeren Teilen des Gesteins aufgezeichneten Ereignisse festgelegt. Doch obwohl sich die Geologen sicher waren, dass die Säugetiere des Känozoikums jünger waren als die Dinosaurier des Mesozoikums, kannten sie doch nicht das genaue Alter dieser Zeitabschnitte und der für sie typischen Fossilien. Das änderte sich erst mit der Entdeckung der Radioaktivität. Wir haben bereits von Isotopen gesprochen, den verschiedenen Versionen von Elementen, die sich in der Anzahl ihrer Neutronen unterscheiden. Kohlenstoff hat zwei stabile Isotope, ^{12}C und ^{13}C, aber auch ein drittes, ^{14}C, das radioaktiv ist. Sein Kern ist unstabil und zerfällt mit der Zeit zu Stickstoff, indem es ein Elektron abstößt (und für diejenigen, die sich für Details interessieren, ein Elektron-Antineutrino). Die Rate des Zerfalls ist messbar, die Halbwertszeit von ^{14}C – die Zeit, in der die Hälfte des ^{14}C beispielsweise in einem Stück Holz zu Stickstoff zerfällt – beträgt 5730 +/- 40 Jahre. Somit lässt sich mithilfe von ^{14}C Zeit kalibrieren.

Aufgrund seiner relativ kurzen Halbwertszeit eignet sich ^{14}C eher zur Datierung von archäologischen Funden als der ungeheuren Zeitspanne der Erdgeschichte. Das ist anderen radioaktiven Isotopen vorbehalten, besonders denen des Uran. Wie in Kapitel 1 angesprochen, eignen sich vor allem Zirkone, die sich in Granit und anderem vulkanischen Gestein bildeten, zur Datierung und ermöglichen es den Geologen so, die Geschichte der Erde zeitlich zu kalibrieren. Durch eine Vielzahl exakter Feld- und Laborforschungen konnten die Geologen die Geschichte der Steine quantifizieren. Wir wissen heute nicht nur, dass der Tyrannosaurus Rex in der späten Kreidezeit lebte, sondern dass er vor 68 bis 66 Millionen Jahren durch die Wälder stapfte. Radiometrische Datierung trug auch wesentlich zur Erstellung eines Zeitrahmens für die Geschichte des Prä-Phanerozoikums der Erde bei. Abbildung 16 zeigt die geologische Zeitskala mit dem Stand von 2020. Die Kalibrierung der geologischen Zeit ist ein immer noch andauernder Prozess, in dem noch viele Details geklärt werden müssen. Die Abbildung zeigt nicht nur, dass das fossilienreiche Phanerozoikum mit bewundernswerter Präzision datiert wurde, sondern auch, dass dieses gesamte Erdzeitalter nur die letzten 13 Prozent der Geschichte unseres Planeten umfasst. Den größten Teil der geologischen Zeitskala machen das schwer greifbare Zeitalter des Hadaikum (4540 bis 4000 Millionen Jahre), das Archaikum (4000 bis 2500 Millionen Jahre) und das lange Proterozoikum (2500 bis 541 Millionen Jahre) aus. Bei dieser Zeitskala sollte man ein wenig verharren, werden wir in den folgenden Kapiteln doch für gewöhnlich nur die Namen der Erdzeitalter, der Ären und der Perioden verwenden, wenn wir von geologischer Zeit reden, so wie die Historiker vom Eisenzeitalter, dem Mittelalter oder der Renaissance sprechen.

Abb. 16 Die geologische Zeitskala. Die Zeitintervalle basieren auf der von der Internationalen Kommission für Stratigrafie herausgegebenen International Chronostratigraphic Chart in der Version von 2020.

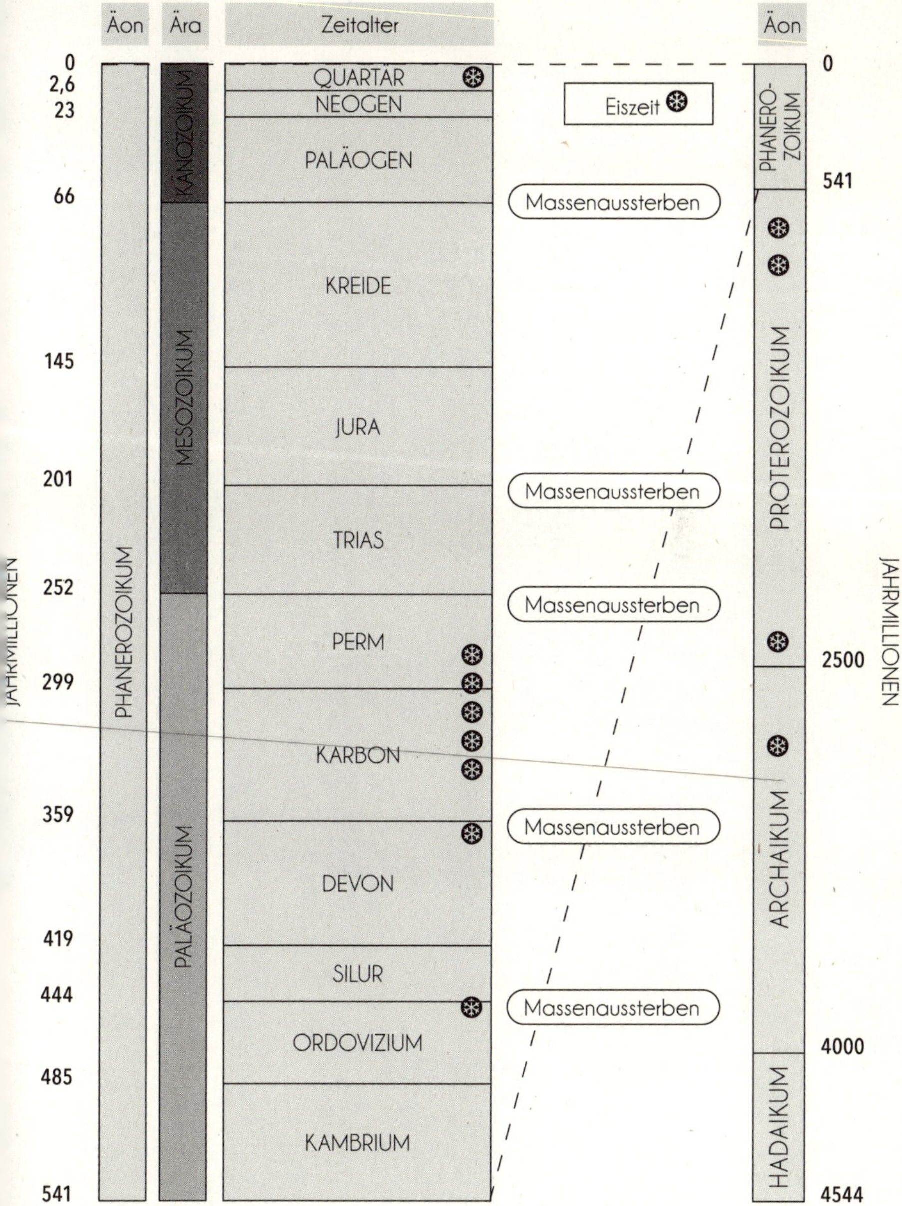
Äon
Ära
Zeitalter
Äon
JAHRMILLIONEN
0
2,6
23
66
145
201
252
299
359
419
444
485
541
PHANEROZOIKUM
KÄNOZOIKUM
MESOZOIKUM
PALÄOZOIKUM
QUARTÄR
NEOGEN
PALÄOGEN
KREIDE
JURA
TRIAS
PERM
KARBON
DEVON
SILUR
ORDOVIZIUM
KAMBRIUM
Eiszeit
Massenaussterben
Massenaussterben
Massenaussterben
Massenaussterben
Massenaussterben
PHANERO-ZOIKUM
PROTEROZOIKUM
ARCHAIKUM
HADAIKUM
0
541
2500
4000
4544
JAHRMILLIONEN

4

Sauerstoff

DIE ENTSTEHUNG DER ATEMLUFT

Eine Atmosphäre ohne Sauerstoff? Darin besteht der grundlegende Unterschied zwischen der jungen Erde und unserer Welt. Aber woher wissen wir, dass das überhaupt stimmt? Wie können wir sicher sein, dass die frühe Erde so anders war als unsere heutige? Und wie kam es zu der Verwandlung in einen Planeten, auf dem Ameisenbären und Elefanten leben können, von uns ganz zu schweigen? Die ältesten uns bekannten Beispiele für eine uralte Atmosphäre sind Luftblasen, die vor mehr als zwei Millionen Jahren im arktischen Eis eingeschlossen wurden. Rückschlüsse auf ältere Formen der Atmosphäre und der Meere lassen sich daher nur aus den chemischen Signaturen im Gestein ziehen. So wie wir durch die Artefakte, die die Neandertaler hinterließen, etwas über ihre Kultur erfahren, können wir uns aus dem Gestein und den Mineralien, deren Zusammensetzung den Kontakt mit Luft und Wasser zu der Zeit ihrer Entstehung widerspiegelt, ein Bild von der Atmosphäre der frühen Erde machen.

Dales Gorge ist dafür ein guter Ausgangspunkt. In der tiefen Schlucht in den weiten Ebenen des nordwestlichen Australien liegen viele Schichten von Sedimentgestein offen, die vor fast 2,5 Milliarden Jahren dort abgelagert wurden (siehe Abbildung 17). Das Gestein selbst ist ungewöhnlich. Es besteht aus einer gleichmäßig geschichteten Mischung aus kiesel- und eisenhaltigen Mineralien, rötlich gefärbt vom verwitterten Eisen und dem roten Staub, der das Outback überzieht.

Diese Felsen heißen ganz passend Eisenformation, und wer in der Küche eine eiserne Pfanne benutzt, kann dann davon ausgehen, dass das Material dafür mit hoher Wahrscheinlichkeit von hier kommt.

Bezeichnenderweise kommen heute im Meeresboden keine Eisenformationen vor. Um diese Ablagerungen bilden zu können, muss Eisen im Meerwasser gelöst transportiert werden, und das geht nur, wenn es

Abb. 17 2,5 Milliarden Jahre alte Eisenformationen in Dales Gorge in Westaustralien.

kein O_2 gibt. Selbst eine kleine Menge Sauerstoff wird mit dem gelösten Eisen reagieren und es zu Eisenoxidmineralien umformen. Die Meere heutzutage haben nur einen geringen Eisenoxidgehalt. Die Eisenformationen sind daher ein Zeichen für Meere, die weitgehend sauerstofffrei waren. Und da das Oberflächenwasser des Meeres bereitwillig Gase mit der Atmosphäre tauscht, bedeuten sauerstofffreie Meere wohl auch sauerstoffarme Luft.

Im Sedimentgestein, das älter ist als 2,5 Milliarden Jahre, sind Eisenformationen häufig, doch danach nehmen sie sichtbar ab, was vermuten lässt, dass zu dieser Zeit O_2 in der Atmosphäre und dem Oberflächenwasser der Meere auftauchte. Diese Schlussfolgerung wird von anderen beobachteten geologischen Phänomenen unterstützt. Pyrit, auch Katzengold genannt, ist den meisten von uns wohl am besten in Form der leuchtend goldenen Würfel in Museen oder Steinläden bekannt. Er erzählt aber auch die Geschichte des Sauerstoffs. In alten Tonsteinen und einigen Vulkangesteinsarten findet sich Katzengold, das sehr empfindlich auf O_2 reagiert. In einer feuchten, sauerstoffhaltigen Umgebung oxidiert es zu Sulfat, der Form von Schwefel, die man in Gips findet. Das geschieht in einem Zeitraum von ein paar Jahren bis zu einigen Jahrzehnten. Daher findet sich Pyrit nicht unter den Mineralien des Küstensandes, obwohl er kontinuierlich aus dem Gestein auf den Kontinenten hervorerodiert. Denn sobald er aus dem älteren Gestein austritt, reagiert der Pyrit mit Sauerstoff und verschwindet.

Das klingt vielleicht wie eine geologische Banalität, aber wenn wir den Sandstein an den Küsten untersuchen, der dort vor 2,4 Milliarden Jahren abgelagert wurde, finden wir dort Pyrit, der aus einer Quelle an Land hervorerodierte, von Flüssen weitertransportiert und letztendlich am Meeresufer abgelegt wurde – ohne längere Zeit auch nur kleinen Mengen von Sauerstoff ausgesetzt gewesen zu sein.

Die Hypothese von einer Veränderung des Planeten vor 2,4 Milliarden Jahren wird von alten Witterungshorizonten unterstützt. Gestein, das den Elementen ausgesetzt ist, unterliegt einem chemischen Verwitterungsprozess, erzeugt Krusten veränderter Mineralien an den Felsoberflächen und bildet den Erdboden mit.

Auch hier kommt das Eisen wieder ins Spiel, aus den gleichen Gründen wie schon zuvor beschrieben. Wenn eisenhaltige Mineralien unter sauerstofffreien Wasser- und Luftbedingungen verwittern, wird das Eisen ausgewaschen und von Regen und Flüssen davongetragen. Vergleicht man den Eisengehalt eines Stammfelsens mit seiner verwitterten Oberfläche, dann fehlt das Eisen in der Witterungszone. Ist hingegen Sauerstoff vorhanden, bildet das durch die Witterung freigesetzte Eisen schnell Eisenoxidmineralien, die im Gestein verbleiben. Wer will raten, wann die alten Witterungsschichten den ersten Hinweis auf Kontakt mit O_2 geben? Wer schlau ist, sagt, vor 2,4 Milliarden Jahren. Und das stimmt genau.

Und schließlich sagen uns die Details der Schwefelisotope in altem Pyrit und Gips, dass chemische Prozesse in der Atmosphäre vor einem Zeitpunkt vor 2,4 Milliarden Jahren eine wichtige Rolle beim Schwefelzyklus auf der Erde spielten, und zwar in einer Art und Weise, die nach diesem Zeitpunkt aufhörte. Chemische Modelle legen nahe, dass diese bezeichnende isotopische Signatur nur bei sehr geringem Sauerstoffgehalt in der Atmosphäre zustande kommen kann – etwa bei 1/100 000 des heutigen Überflusses.

Die Atmosphäre und die Meere auf der Erde waren also über zwei Milliarden Jahre – fast die Hälfte ihrer gesamten Existenz – völlig frei von Sauerstoffgas, was die Existenz von Organismen wie uns unmöglich machte. Das wirft zwei wichtige Fragen auf. Wir haben bereits gezeigt, dass die Erde bereits vor 3,5 Milliarden Jahren ein biologischer Planet war, vielleicht sogar schon früher. Was für eine Art von Leben konnte auf dieser frühen, sauerstoffarmen Erde gedeihen? Und ebenso wichtig ist die Frage, warum sich dieser lang anhaltende Zustand vor 2,4 Milliarden Jahren änderte.

Die Frage nach Leben ohne Sauerstoff lässt sich relativ leicht beantworten, denn es gibt auch heute noch sauerstofffreie Umgebungen, in denen es vor Leben nur so wimmelt. Doch wie erhält sich Leben in einer (für uns) so unwirtlichen Umgebung? In der uns vertrauten makroskopischen Welt gewinnen Pflanzen Energie und Kohlenstoff durch Photosynthese. Mithilfe von Lichtenergie machen sie Zucker aus Kohlendioxid und erstellen als Nebenprodukt Sauerstoffgas. Vereinfacht sieht die photosynthetische Gleichung so aus:

$$CO_2 + H_2O \rightarrow CH_2O + O_2$$

Tiere tun das Gegenteil, sie nehmen organische Moleküle mit der Nahrung auf und lassen Teile davon mit Sauerstoff reagieren, um Energie zu gewinnen – das nennt man Respiration (auch Pflanzen atmen):

$$CH_2O + O_2 \rightarrow CO_2 + H_2O$$

Die beiden Reaktionen sind gegenläufig, jede ist die genaue Umkehrung der anderen. Somit wechseln Kohlenstoff und Sauerstoff zwischen den Organismen und der Umgebung hin und her und erhalten das Leben.

Wenn man sich ans Mikroskop setzt, wird man feststellen, dass viele Mikroorganismen das Gleiche tun: Algen machen Photosynthese und erzeugen organischen Kohlenstoff und Sauerstoff. Pilze, Protozoen und Algen atmen, wobei sie Sauerstoff verbrauchen und Kohlenstoff als CO_2 an die Umgebung abgeben. Und ja, auch einige Bakterien nutzen auf diese Weise Kohlenstoff in einem Kreislauf.

Um Kohlendioxid in Zucker umzuwandeln, braucht man Elektronen, die Pflanzen und Algen dem Wasser entnehmen und dabei O_2 erzeugen. Das kostet viel Energie, doch in einer sauerstoffreichen Umgebung gibt es keine Alternativen. Hat man zwar Licht, aber kein O_2, gibt es andere Quellen für Elektronen, zum Beispiel Wasserstoffgas, Hydrogensulfide mit ihrem Geruch nach faulen Eiern und in Wasser gelöste Eisenionen. Unter diesen Umständen bilden sich andere photosynthetische Organismen, die nicht alle bakteriell sind. Diese photosynthetischen Bakterien holen sich nicht nur die benötigten Elektronen von alternativen Spendern, sie erzeugen auch kein O_2. Ihre photosynthetisch aktiven Pigmente färben diese Bakterien normalerweise dunkellila oder dunkelgrün. Wenn man sie in einem stillen Teich sieht, ist das schon ein beeindruckender Anblick (siehe Abbildung 18).

Wenn photosynthetische Bakterien CO_2 in Zucker einbinden können, ohne O_2 zu produzieren, können dann andere Zellen den Kohlenstoffzyklus vollenden, ohne bei der Atmung Sauerstoff zu verwenden? Hier spielt wieder die metabolische Vielfalt der Bakterien eine Rolle. Der Mensch verwendet für die Atmung mit organischen Molekülen O_2, aber manche Bakterien atmen mithilfe anderer Verbindungen wie Sulfat-Ionen (SO_4^{2-}) oder oxidiertem Eisen (Fe^{3+}). Das heißt, so wie Tiere den

Abb. 18 Auch heute sind auf der Erde sauerstofffreie Umgebungen üblich. Hier sieht man eine mikrobielle Gemeinschaft von den Turks- und Caicosinseln in der Karibik. Die dunkle faserige Schicht an der Oberfläche (über dem oberen Pfeil), die von Cyanobakterien tiefgrün gefärbt ist, ist der Luft ausgesetzt und somit sauerstoffreich. Unter dieser Schicht (zwischen den beiden Pfeilen) dringt zwar noch Licht, aber kein Sauerstoff ein, was zu der etwas helleren Schicht führt, die reich an violetten photosynthetischen Bakterien ist. Diese Bakterien verwenden Wasserstoffsulfide als Quelle für Elektronen und erzeugen kein Sauerstoffgas. Sowohl in dieser als auch in der Schicht darunter ist keine aerobe Atmung möglich. Einige Mikroorganismen atmen stattdessen Sulfate und andere Ionen, während andere organische Moleküle fermentieren.

von Pflanzen erzeugten Sauerstoff nutzen, um organische Moleküle in CO_2 umzuwandeln, so nutzen diese Bakterien die Moleküle, die entstehen, wenn photosynthetische Bakterien Elektronen aus Wasserstoffsulfiden, gelöstem Eisen oder Ähnlichem gewinnen. Auf diese Weise wird der Kohlenstoffzyklus in sonnenreicher, aber sauerstoffarmer Umgebung an die Zyklen von Eisen und Schwefel gekoppelt. Vielleicht war die Jugend unserer Erde die erste Eisenzeit, in der der Kohlenstoffzyklus in sauerstoffarmen Flüssen, Seen und Meeren an die biologische Verarbeitung von Eisen gebunden war.

Bakterien und Archaeen (zuvor als mikrobielle Geschwister der Bakterien erwähnt) haben aber noch andere Stoffwechseltricks auf Lager. Manche nutzen die Energie chemischer Reaktionen, um Kohlenstoff zu binden, und umgehen somit die Notwendigkeit für Sonnenlicht. Und wieder andere gewinnen eine bescheidene Menge Energie aus der Zerlegung organischer Moleküle in einfachere Verbindungen. Diesen Prozess nennt man Fermentierung. Diese Fermentierung können wir selbst herbeiführen. Sie wird eingesetzt, wenn man durch Training Sauerstoff in der Muskulatur abbaut – die durch diesen Prozess entstehenden Säuren führen zu dem brennenden Gefühl, das bei größerer Anstrengung zu spüren ist. Doch auch wenn man organische Moleküle fermentieren kann, um vorübergehend an Energie zu kommen, so kann sich der menschliche Körper doch nicht allein dadurch erhalten. Es sind sogar nur wenige andere Zellen außer Bakterien und Archaeen zur Fermentierung imstande. Die besten darunter sind Hefebakterien, die Quelle der chemischen Magie, die Gerste in Bier und Trauben in Wein verwandelt.

Wir sehen also, dass uns die Mikroben von heute zeigen können, wie sich eine Milliarde Jahre lang Leben auf dem sauerstofffreien Planeten erhalten konnte. Auf der frühen Erde besiedelten verschiedene Bakterien und Archaeen Land und Meere und verarbeiteten Kohlenstoff, Eisen, Schwefel und andere Elemente. Kompliziertere Organismen – Algen, Protozoen, Pilze, Pflanzen und Tiere – benötigen für den Stoffwechsel Sauerstoff und mussten in den Seitenflügeln der Evolution warten, bis O_2 zu einem beständigen Element auf der Erdoberfläche wurde.

Warum veränderte sich unser Planet vor 2,4 Milliarden Jahren so grundlegend? Die Geologen sind sich zwar einig darüber, ab wann O_2 in größeren Mengen auftrat, aber bislang noch nicht, wie es dazu kam. Ich werde die wichtigsten Puzzleteile so zusammensetzen, wie ich es sehe, auch wenn andere vielleicht zu einem anderen Bild kommen.

Zumindest über zwei Dinge herrscht Einigkeit. Zum einen ist das die Tatsache, dass der Sauerstoff in der Luft, die wir atmen, seine Existenz dem Leben verdankt. Der einzige Prozess, mit dem die Atmosphäre unseres Planeten mit Sauerstoff angereichert werden konnte, ist eine oxygene Photosynthese – eine Photosynthese, bei der Wasser die Elektronen beisteuert und O_2 als Nebenprodukt anfällt. Die große Sauerstoffkatastrophe (GOE – nach Great Oxygenation Event) war revolutionär, und die Helden dieser Revolution waren Cyanobakterien, die einzigen, die zur oxygenen Photosynthese fähig sind. Geht man davon aus, so bietet sich eine einfache Lösung an: Der evolutionäre Ursprung von Cyanobakterien führte direkt zur GOE. Das klingt in der Tat simpel, doch zwei Beobachtungen, eine geologische und eine ökologische, lassen vermuten, dass die Dinge doch komplizierter waren.

Es zeigt sich, dass Gestein, das älter ist als 2,4 Milliarden Jahre, chemische Signaturen zeigt, die viele als den Beweis für flüchtige Sauerstoffproduktionen auf einem weitgehend sauerstofffreien Planeten betrachten. Einige derselben chemischen Signaturen, die eine permanente Umweltveränderung vor 2,4 Milliarden Jahren andeuten, weisen auf frühere, wenn auch lokal begrenzte und kurzlebige Sauerstoffaufkommen hin. Diese Interpretation ist nicht unumstritten, aber für diese »Sauerstoffstöße« gibt es immer mehr Beweise, und selbst wenn nur einer von ihnen korrekt interpretiert wird, muss die oxygene Photosynthese bereits Hunderte von Millionen Jahren vor der GOE existiert haben. Ableitungen aus der Molekularbiologie lassen ebenfalls vermuten, dass Sauerstoff produzierende Cyanobakterien entstanden, lange bevor sie die von der Sonne erhellten Ökosysteme zu dominieren begannen.

Die geologischen Daten lassen sich mithilfe der Ökologie erklären. Wie bereits bemerkt, gedeihen Cyanobakterien nicht so gut in heutigen sonnenerhellten Umgebungen, wo gelöstes Eisen, Wasserstoffsulfide und andere alternative Elektronquellen vorhanden sind. Das lässt vermuten, dass Cyanobakterien in den frühen Meeren normalerweise einen Nachteil gegenüber anderen Arten von photosynthetischen Bakterien hatten. Wie konnten die Cyanobakterien in einer Welt, die andere photosynthetische Mikroben bevorzugte, die Oberhand gewinnen? Um eine Antwort darauf zu finden, müssen wir in anderen Rahmen als nur der Biologie denken und die Erde selbst betrachten.

Das bringt uns zum zweiten Punkt, über den Einigkeit herrscht. Die Existenz von cyanobakterieller Photosynthese reicht nicht aus, um die Veränderung des Planeten auszulösen. O_2 wird sich nur in der Atmosphäre und den Meeren ansammeln, wenn die Geschwindigkeit, mit der Sauerstoff von Cyanobakterien produziert wird, größer ist als die, mit der physikalische und biologische Prozesse ihn abbauen.

Somit haben wir jetzt zwei Erklärungen dafür, wie Cyanobakterien entstanden sein können, lange bevor sich Sauerstoff permanent in der Atmosphäre und dem Oberflächenwasser der Meere anzusammeln begann. Vielleicht wirkten sich reduzierte Gase und Ionen in den frühen Meeren vorteilhaft für andere photosynthetische Bakterien als Cyanobakterien aus. Und möglicherweise waren die Photosyntheseraten generell so niedrig, dass Sauerstoff, der sich durch frühe Cyanos bildete, von vulkanischen Gasen und verwitterndem Gestein vernichtet wurde. Ich glaube, dass beides wahr ist.

Heutzutage wird die Photosyntheserate nicht vom Sonnenlicht, von Kohlendioxid oder Wasser begrenzt, sondern eher durch die Verfügbarkeit von Nährstoffen, besonders Phosphor, der sich in DNA, Membranen und ATP, der Energiewährung der Zellen, findet, sowie Stickstoff, den man für DNA und Proteine braucht. Einige Bakterien und Archaeen (ebenso wie in geringem Maße auch Blitze) wandeln Stickstoffgas in biologisch brauchbare Moleküle um, daher konzentrieren wir uns bei dem Versuch, die frühe Biosphäre zu verstehen, auf Phosphor. Phosphor wittert aus den Elementen ausgesetztem Gestein aus und wird mit den Flüssen zum Meer transportiert. Photosynthetische Organismen nehmen ihn auf und bauen ihn in Biomoleküle ein, andere Organismen erhalten Phosphor mit der Nahrung, die sie aufnehmen, und reichen ihn durch die Nahrungskette von einem Organismus zum anderen weiter. Schließlich sinkt das meiste davon in einem langsamen Regen organischer Partikel von der Oberfläche auf den Meeresboden. Bakterien in den Ablagerungen setzen einen großen Teil dieses Phosphors frei, und die Tiefseeströmungen bringen ihn zurück zur Oberfläche, um neue Photosyntheseprozesse in Gang zu setzen.

In die frühen Meere gelangte nur wenig Phosphor, da nur wenig Gestein überhaupt daraus hervorragte. Gleichzeitig wurde auch nur wenig Phosphor vom Tiefwasser an die Oberfläche zurücktransportiert, weil das Recycling begrenzt war.

In meinem sowie in anderen Laboren wurde mithilfe einfacher chemischer Prinzipien versucht, abzuschätzen, wie viel Phosphor für photosynthetische Mikroorganismen in den frühen Meeren zur Verfügung gestanden haben mochte. Die Antwort lautet: »Nicht viel.« Die begrenzte Verfügbarkeit von Nährstoffen beschränkte das frühe Leben stark, da es der Photosynthese, ob von Cyano- oder anderen Bakterien, Grenzen setzte, die ihre Wirkung auf die Veränderung des Planeten unwahrscheinlich machten.

Als unser Planet älter wurde, stiegen große, stabile Kontinente aus dem Meer empor und erhöhten den Fluss von Phosphor aus Erosion zu den Meeren. Als der Zufluss von Phosphor schließlich die Verfügbarkeit anderer Elektronenspender überstieg, erlangten die Cyanobakterien ökologische Bedeutung. Und damit veränderten sie die Welt.

Der von ihnen produzierte Sauerstoff suchte nach anderen Elektronenquellen in den sonnendurchfluteten Wasserschichten und kippte die Biosphäre hin zu einer oxygenen Photosynthese und sauerstoffhaltiger Luft. Und als von den Cyanobakterien produziertes organisches Material in den Ablagerungen am Meeresboden von der Respiration abgeschirmt wurde, war die Maschinerie in Gang gesetzt, mit der sich O_2 ansammeln konnte. Es gab kein Zurück mehr.

So gesehen war die Große Sauerstoffkatastrophe nicht nur ein Produkt der physikalischen Entwicklung der Erde und sie spiegelt auch nicht ausschließlich die evolutionäre Revolution wider. Es ist die *Interaktion* von Erde und Leben, die die Oberfläche unseres Planeten veränderte.

Wie viel Sauerstoff bildete sich während der GOE und danach? Und was waren die Folgen? Die Messung der alten Sauerstoffmengen bleibt eine Herausforderung, doch mehrere Beobachtungen weisen darauf hin, dass auch hier die Antwort lautet: »Nicht viel.« Die chemische Analyse von Sedimentgestein weist darauf hin, dass die Meere fast zwei Milliarden Jahre nach der GOE in etwa so aussehen wie das Schwarze Meer heute, bei dem Sauerstoff an der Oberfläche, aber nicht in den unteren Schichten zu finden ist. Lassen einige Daten darauf schließen, dass die Sauerstoffwerte während der GOE signifikant stiegen, so betrug die Menge vor etwa 1,8 Milliarden Jahren in der Atmosphäre und an der Meeresoberfläche nur circa 1 Prozent der heutigen Werte – mehr als genug für Amöben, aber nicht genug für einen Käfer. (Vor etwa 1,9 Milliarden Jahren kam es weltweit erneut kurz zur Eisenbildung, vielleicht als Reaktion auf einen starken Zustrom hydrothermaler Flüssigkeiten vom Mantel in die Meere. Das in den Mesabi-Bergen von Minnesota abgebaute Eisen zeugt von diesem Ereignis.)

Selbst in bescheidenen Konzentrationen bot Sauerstoff dem Leben neue Möglichkeiten. Durch die Cyanobakterien angeregt, wurden die Ökosysteme produktiver und energischer. (Respiration mit O_2 ergibt mehr Energie als die ohne Sauerstoff oder Fermentation.) Könnte man in diese schöne neue Welt mit dem Mikroskop in der Hand und mit einer Sauerstoffmaske bewaffnet zurückkehren, würde man etwas bemerken, was zuvor nicht da war. Auf halbem Weg durch die Geschichte der Erde war eine neue Zellart entstanden.

Eukaryoten sind Organismen, deren DNA in einem Kern enthalten ist. Menschen sind ebenso Eukaryoten wie Ponderosa-Kiefern, Seegras, Champignons und einzellige Organismen von Amöben bis Diatomeen – insgesamt vielleicht zehn Millionen Spezies. Der Kern definiert die Eukaryoten, während andere Zellmerkmale Schlüsselrollen in ihrer Geschichte und Ökologie einnehmen. Besonders wichtig ist, dass Eukaryoten im Gegensatz zu Bakterien ein dynamisches inneres System von molekularen Gerüsten und Membranen haben, die ihren Zellen erlauben, groß zu werden und unterschiedliche Formen anzunehmen. Die Eukaryoten können sich dadurch auch auf eine Art selbst erhalten, die Bakterien generell nicht zur Verfügung steht, nämlich indem sie kleine Nahrungspartikel, einschließlich anderer Zellen, in sich aufnehmen. Die Eukaryoten brachten mit dem Raubverhalten also eine neue Komplexität in das Ökosystem. Und wie sich im nächsten Kapitel zeigen wird, kam es zu neuen Kommunikationsweisen unter den Zellen, die den Weg für komplexe multizellulare Organismen bereiteten.

Innerhalb der eukaryotischen Zellen sind Respiration und Photosynthese in kleinen, Organellen genannten Strukturen enthalten. Mitochondrien bilden den Sitz der Respiration, in den Chloroplasten findet die Photosynthese statt. Die Organellen sehen in etwa aus wie Bakterienzellen. Chloroplasten haben zum Beispiel ähnliche interne Membranen wie Cyanobakterien. Vor mehr als einem Jahrhundert stellte der russische Botaniker Konstantin Mereschkowski die Behauptung auf, dass diese Ähnlichkeit kein Zufall ist. Ausgehend von der früheren Beobachtung, dass Riffkorallen Algen in ihr Gewebe mit einschließen, argumentierte Mereschkowski, dass Chloroplasten einst als frei lebende Cyanobakterien existierten und von Protozoen aufgenommen und schließlich zu metabolischer Sklaverei verdammt wurden. Man machte sich über Mereschkowskis Theorie lustig und vergaß sie – ein üblicher Vorgang in der Wissenschaft. In diesem Fall hatte Mereschkowski allerdings recht. Mit dem Aufkommen der Molekularbiologie wurde es möglich, seine Hypothese mit neuen Werkzeugen zu überprüfen. Die Chloroplasten enthalten kleine Mengen DNA, und die Molekularsequenzanalyse ihrer

Gene macht es klar, dass im Stammbaum des Lebens die Wiege der Chloroplasten in den Cyanobakterien liegt. Weitere Forschungen zeigten, dass auch Mitochondrien bakterielle Vorfahren haben. Es sieht immer mehr danach aus, als sei die eukaryotische Zelle selbst aus einer lange zurückliegenden Partnerschaft einer Archaeen-Zelle und eines Bakteriums, das zur aeroben Respiration fähig war, entstanden. In jüngerer Zeit stellten Wissenschaftler fest, dass Archaeen Moleküle enthalten, die denen ähneln, die das Zelleninnere der Eukaryoten organisieren. Wir sind evolutionäre Chimären, und Pflanzen haben einen zusätzlichen Partner, indem sie sich die Fähigkeit der Cyanobakterien zur Photosynthese zunutze machen.

Betrachten wir diese biologische Geschichte aus einer Umweltperspektive. Die meisten Eukaryoten nutzen Sauerstoff zur Respiration, und die, die es nicht tun, stammen von solchen ab, die es taten. Darüber hinaus brauchen fast alle Eukaryoten, die in sauerstoffloser Umgebung leben, Biomoleküle, die sich nur dort bilden, wo O_2 vorhanden ist. Sie decken ihren Bedarf durch Nahrung aus sauerstoffhaltigen Habitaten. Eukaryoten sind also wichtige Nachkommen der GOE.

In Übereinstimmung mit dieser Ansicht sieht man die Fossilien von eukaryotischen Zellen in Sedimentgestein, das sich vor 1,8 bis 1,6 Milliarden Jahren ablagerte. Gestein dieses Alters aus Australien, China, Montana und Sibirien enthält bescheidene Varianten von Mikrofossilien, deren erhaltene Zellwände eine strukturelle und morphologische Qualität aufweisen, die man heutzutage nur in eukaryotischen Organismen findet. Manche hatten armähnliche Erweiterungen, mit denen sie vielleicht gelöste organische Moleküle aufnehmen konnten, ähnlich wie Pilze heute (siehe Abbildung 19). Andere hatten dicke, plattenartige Wände, wodurch sie in einem Schlafzustand verharren konnten, wenn die Umgebung kein Wachstum zuließ (siehe Abbildung 20). Und ein paar brachten es sogar zu einer einfachen Form von Vielzellern und bildeten Lagen von Zellen, die mit dem bloßen Auge sichtbar sind (siehe Abbildung 21). Eine neue biologische Revolution kündigte sich an, doch

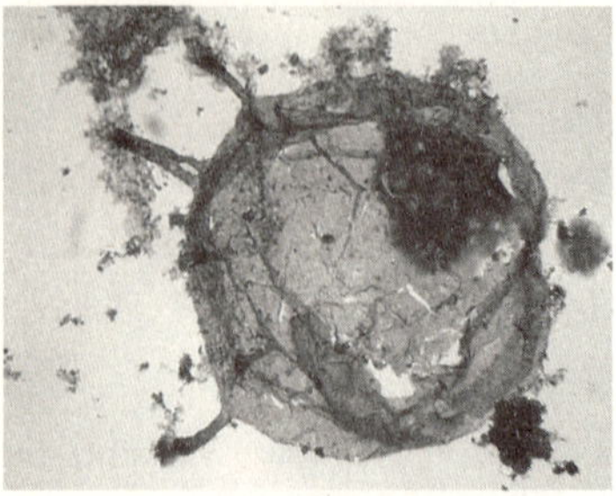

Abb. 19

Abb. 20

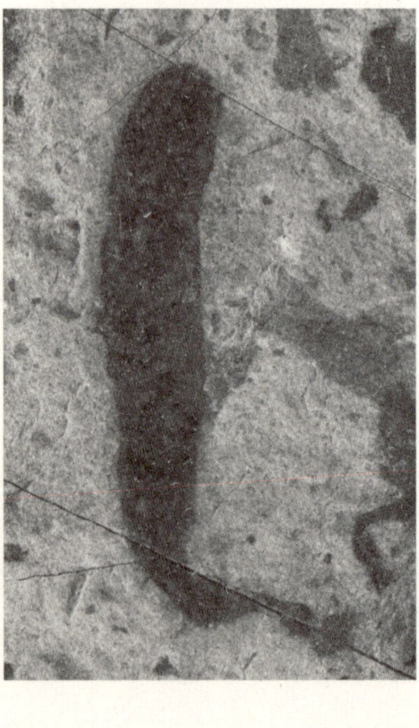

Abb. 21

Abb. 19-21 Fossilien früher eukaryotischer Organismen. (Abb. 19) Einzelliger Organismus mit armähnlichen Auswüchsen, mit denen er wahrscheinlich organische Moleküle als Nahrung aufnehmen konnte, aus 1500 bis 1400 Millionen Jahre altem Gestein in Nordaustralien. (Abb. 20) Dicke, plattenartige Zellwand, die den Träger vor ungünstigen Umgebungen oder anderen Organismen geschützt haben kann, ebenfalls aus 1500 bis 1400 Millionen Jahre altem Gestein aus Australien. (Abb. 21) Einer der ältesten bekannten Organismen mit einfacher vielzelliger Struktur, aus fast 1,6 Milliarden Jahre altem Gestein in China. Der Maßstab in Abbildung 20 beträgt 50 Mikron und gilt auch für Abbildung 19, bei Abbildung 21 sind es 5 Millimeter.

man sollte beachten, dass die neu entstandenen Eukaryoten die Bakterien und Archaeen, die die Erde seit Anbeginn des Lebens beherrscht hatten, nicht ersetzten. Eukaryoten waren mit mikrobiellen Ökosystemen verbunden, die noch von mikrobiellem Metabolismus abhingen. Auch heute noch übersteigt die Masse von Bakterien und Archaeen die von Tieren um das 30-Fache.

Wenn man in den erhaltenen Fossilien der nächsten Milliarden Jahre weitergeht, findet man eine immer größere Vielfalt von Eukaryoten, darunter unscheinbare Algen, die aus der frühen Partnerschaft von Protozoen und Cyanobakterien hervorgingen, Zellen, die durch vasenförmige Wände oder schuppige Panzer vor Räubern geschützt waren, sowie eine wachsende Vielfalt einfacher multizellularer Strukturen (siehe Abbildung 22 und 23).

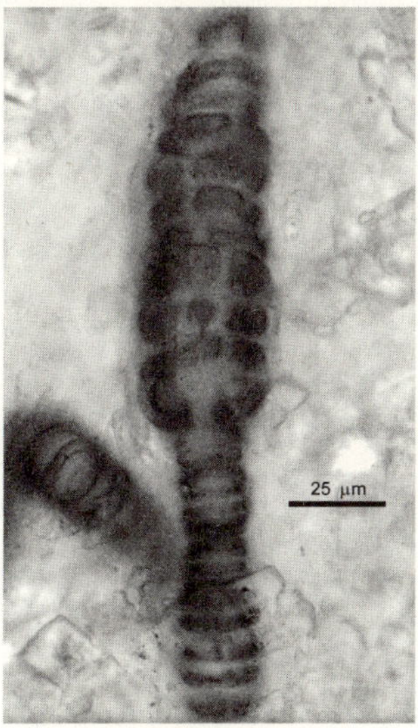

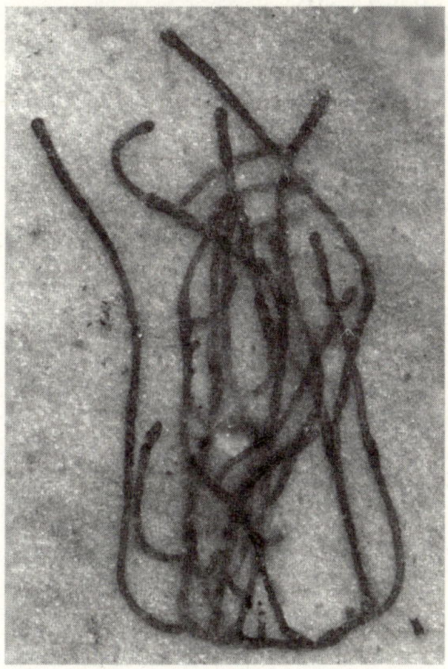

Abb. 22 und 23 Fossilien zeigen, dass vor der Entstehung von Tieren verschiedene Eukaryoten gediehen. Hier sehen wir die ältesten roten (Abb. 22) und grünen Algen (Abb. 23), erhalten in Milliarden Jahre altem Gestein aus den arktischen Gebieten von Kanada und China. Der Balken in Abbildung 22 ist 25 Mikron lang; übertragen auf Abbildung 23 beträgt seine Länge 225 Mikron.

Diese Welt mit wenig Sauerstoff und (hauptsächlich) mikrobiellem Leben gab es über viele Millionen Jahre, doch unter diesen einfachen vielzelligen Kreaturen in den Meeren des Proterozoikums kündigte sich eine neue Revolution an. Im obersten Gestein des Proterozoikums, abgelagert am Ende einer langen globalen Eiszeit, zeigen sich in den fossilen Aufzeichnungen große komplexe Organismen. Ungefähr drei Milliarden Jahre nach der Entstehung des Lebens brach das Zeitalter der Tiere an.

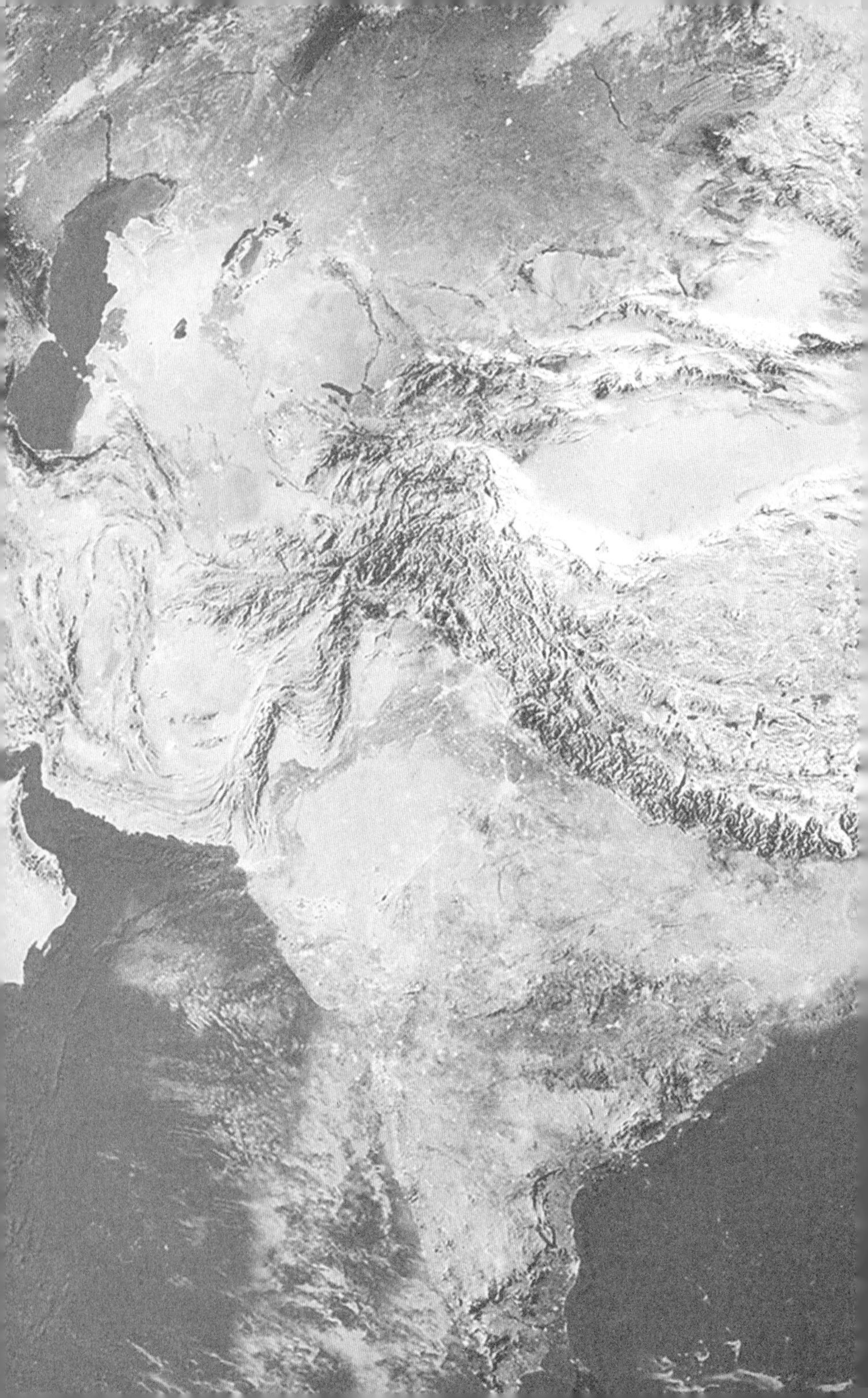

5

Tierreich

DAS LEBEN WÄCHST

Ein Paläontologe, der Mistaken Point an einem sonnigen Nachmittag besucht, kann sich glücklich schätzen. Das UNESCO-Welterbe an der felsigen Küste des südöstlichen Neufundland ist normalerweise in Nebel gehüllt oder geht im Regen unter. Doch wenn man an einem der seltenen klaren Spätnachmittage ankommt, wenn die Sonne die Oberflächen der alten Sedimentschichten als scharfe Reliefs zeichnet, erhält man einen unvergesslichen Anblick.

Die Klippen von Mistaken Point bestehen aus Schlamm und vulkanischer Asche, die Lage für Lage vor etwa 565 Millionen Jahren auf dem tiefen Meeresboden abgelagert wurden. Drei bemerkenswerte Eigenschaften machen den Ort so besonders. Zum einen zeigen die stufenartigen Klippen große Oberflächen alter Sedimentschichten, was es uns ermöglicht, über alten Meeresboden zu laufen. Das zweite ungewöhnliche Merkmal ist die gewaltige Menge an vulkanischer Asche, durch die wir die einzelnen Schichten datieren können. Das dritte – und bemerkenswerteste – ist das, was sich in den Schichten befindet. Wenn man weiß, wonach man suchen muss, findet man Hunderte von seltsamen und wunderbaren Fossilien, scheinbar fremde Lebensformen, die in ihrem Lebensraum erhalten wurden, begraben von vulkanischer Asche – ein paläontologisches Pompeji (siehe Abbildung 24). Manche sehen aus wie Wedel, andere sind fächerartig. Manche sind lang und dünn und ähneln den Schwanzfedern von Pfauen. Viele standen senkrecht auf dem Meeresboden, durch eine runde Befestigung am Meeresboden verankert, und schwangen mit der Strömung. Andere waren über die Oberfläche des Sediments verbreitet. Aber egal, wie lang und breit sie sind, sie sind alle nur ein paar Millimeter dick, und die meisten haben eine gerippte Struktur ähnlich wie die einzelnen Segmente der Luftmatratze, die ich als Junge mit zum Campen nahm. Überraschenderweise gehen die meisten

Abb. 24 Fossilien früher Tiere in 565 Millionen Jahre altem Sedimentgestein von Mistaken Point, Neufundland. Der Maßstab zeigt 1-cm-Einheiten.

Wissenschaftler davon aus, dass dies die ältesten bekannten Fossilien von Tieren sind, unser erster paläontologischer Blick auf die Gruppe, die sich auf dem ganzen Planeten ausbreiten sollte.

Um die Biologie und damit auch die evolutionären Verbindungen der Fossilien von Mistaken Point zu verstehen, müssen wir ganz vorne anfangen und genau darauf achten, was erhalten blieb – und auch, was nicht. Beginnen wir damit, zu untersuchen, wie diese merkwürdigen Organismen an Kohlenstoff und Energie kamen. Wie konnten sie überleben? Manche sehen bei oberflächlicher Betrachtung aus wie Seegras, vielleicht machten sie ja Photosynthese? Aber nein, die Organismen von Mistaken Point lebten mehrere Hundert Meter unter der Wasseroberfläche, weit unter den Regionen, die noch vom Sonnenlicht erhellt werden. Heute nutzen einige Tiefseetiere die Kraft von symbiotischen Bakterien, die Kohlenstoff mithilfe von chemischer Energie gewinnen. Aber auch das funktioniert hier nicht, da Tiere, die in enger Verbindung mit solchen Bakterien leben, nur dort gedeihen, wo sauerstoffhaltiges Wasser auf Wasser ohne Sauerstoff trifft. Die chemischen Erkenntnisse von Mistaken Point weisen darauf hin, dass die Organismen in einer stabilen, relativ sauerstoffreichen Umgebung lebten.

Was bleibt, ist Heterotrophie – Kohlenstoff und Energie werden durch die Aufnahme von organischen Molekülen gewonnen, die ursprünglich von anderen Spezies hergestellt wurden. Wir sind ebenso Heterotrophen wie Haie, Krabben und Tintenfische. Aber diese Liste lenkt die Aufmerksamkeit auf Merkmale, die die Fossilien von Mistaken Point nicht haben. Sie haben keine Münder und keine Gliedmaßen, mit denen sie sich bewegen und Beute fassen könnten. Sie scheinen auch kein gut ausgebildetes Verdauungssystem zu haben, und wenn überhaupt, dann bewegten sich nur wenige von ihnen aktiv über den Meeresboden. Wie konnten sie dann fressen?

An dieser Stelle müssen wir zu heute lebenden Tieren schauen, um Vergleichbares zu finden, wenn auch nicht zu den Spezies, die uns täglich in den Wäldern, in Zoos oder in Naturfilmen begegnen. Ich möchte gerne den *Trichoplax adhaerens* vorstellen, die einzige formell beschriebene Spezies vom obskuren Stamm der Placozoen (siehe Abbildung 25). *Trichoplax* gehört zu den kleinsten (nur ein paar Millimeter langen) und einfachsten Tieren der Erde. Die einzelnen Tiere bestehen hauptsächlich aus einer oberen und unteren Zellschicht, dem Epithel, das ein Inneres aus Flüssigkeit und ein paar Faserzellen umgibt. Sie haben keine Münder, Glieder, Lungen, Kiemen, Nieren oder Verdauungssysteme. Die Zellen an der Oberfläche des *Trichoplax* können Nahrungspartikel aufnehmen, ähnlich wie es Protozoen tun, und sie absorbieren organische Moleküle aus dem sie umgebenden Wasser oder dem Sediment. Den Sauerstoff, den sie benötigen, gewinnen sie durch Diffusion, was der Grund dafür ist, dass sie so dünn sind.

Diese Kurzbeschreibung des *Trichoplax* klingt ganz ähnlich wie das Porträt, das wir zuvor von den Fossilien von Mistaken Point gezeichnet haben – bis auf die Größe. Ich schließe mich tatsächlich den damaligen Studenten Erik Sperling und Jakob Vinther an, die 2010 die Ansicht vertraten, dass lebende Placozoen vielleicht die einzigen Überlebenden der frühen Tiere seien, die in den Fossilien von Mistaken Point oder anderen Orten dokumentiert sind. Abbildung 26 zeigt einen einfachen Stammbaum von Tieren. Konzentriert man sich für den Moment auf existierende Gruppen, dann lässt der Baum vermuten, dass der letzte gemeinsame Vorfahr dieser Tiere zwei Linien hervorbrachte, eine, die Schwämme enthielt, und eine andere mit so ziemlich allem anderen. Ein paar der Fossilien von Mistaken Point lassen eine gewisse Nähe zu Schwämmen vermuten, aber im lokalen Ökosystem waren diese nicht besonders vorherrschend. Wenn man den Zweig des »allem anderen« folgt, so kommt man an eine weitere Gabelung, an der sich Placozoen abspalten, und eine weitere, wo Nesseltiere (Seeanemonen, Korallen, Quallen) und Bilaterien (Insekten, Schnecken, wir und alles andere mit Kopf, Fuß, oben und unten, links und rechts) abzweigen. Die Logik dieses Stammbaums legt nahe, dass Punkte, die näher am Stamm des Baums liegen, vor den weiter oben liegenden kamen. Erinnert man sich an den Vergleich unserer Neufundland-Fossilien mit Placozoen, lässt das vermuten, dass die fast surrealistisch anmutenden Fossilien von Mistaken Point – mehr Dalí als Devon – eine frühe Variante von anatomisch einfachen Tieren darstellen, die nach der Abspaltung der Schwämme auftrat, aber vor der Verbreitung komplexerer und variantenreicherer Nesseltiere und Bilaterien, die in den heutigen Meeren so verbreitet sind.

Die Funde von Mistaken Point werden manchmal ediacarische Fossilien genannt – oder auch nur Ediacarien –, weil diese Organismen im Zeitalter Ediacarium lebten. Diese Periode, die erst 2004 in die internationale geologische Zeitskala aufgenommen wurde, über ein Jahrhundert nach den Perioden, die das Äon Phanerozoikum ausmachen, wird zeitlich von zwei äußerst bedeutenden Ereignissen gerahmt. Ungefähr 80 Millionen Jahre vor dem Beginn der ediacarischen Periode wurde die

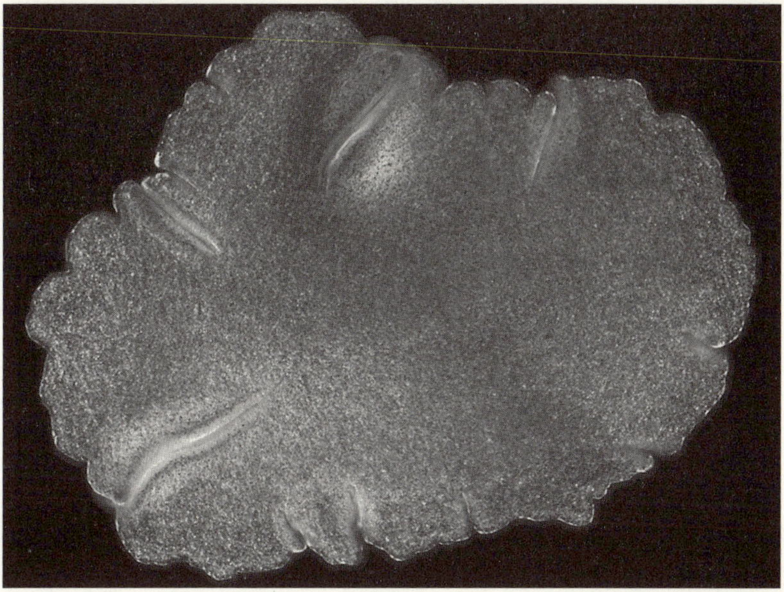

Abb. 25

Abb. 25 und 26 *Trichoplax adhaerens* und seine wahrscheinliche evolutionäre Verwandtschaft mit heute und im Ediacarium lebenden Tieren.

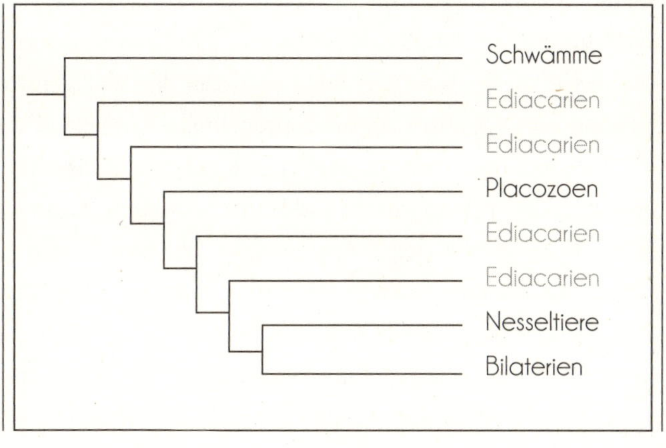

Abb. 26

Erde zweimal von den Polen bis zum Äquator von Gletschereis überzogen, und das machte sie zu einem »Schneeball Erde«. Die größten Eiszeiten der Erde hatten sicherlich große Auswirkungen auf die Biologie, und tatsächlich tauchen viele Algen und Protozoen, die wir als Fossilien in den voreiszeitlichen Ozeanen finden, im Gestein, das sich nach dem Rückzug des Eises bildete, nicht mehr auf. Dennoch müssen viele Zweige überlebt haben, darunter die Vorfahren der ediacarischen (und aller heute lebenden) Tiere. Wie kam es, dass die Erde zu Eis erstarrte, und – ebenso wichtig – wie taute sie wieder auf?

Geologen und Klimaforscher diskutieren mithilfe von Modellen immer noch über die Ursachen der Eiszeiten im späten Proterozoikum, doch sind sich alle einig, dass, wie immer, der Kohlenstoffzyklus bei den extremen Klimaveränderungen, die im Gestein verzeichnet sind, eine entscheidende Rolle spielte. Eine attraktive Hypothese für die Verwandlung der Erde in einen Schneeball deutet auf einen massiven Ausstoß vulkanischen Gesteins auf den Kontinenten der unteren Breitengrade hin. Vulkangestein verbraucht eine Menge CO_2, wenn es verwittert, und die warmen Temperaturen am Äquator förderten schnelle Verwitterung und Erosion. Die tektonischen Ereignisse könnten daher die Menge des Treibhausgases Kohlendioxid gesenkt haben, wodurch der Planet abkühlte und so eine Eiszeit entstand. 1969 stellte der russische Klimatologe Mikhail Budyko die These auf, dass das Eis, wenn es sich von den Polen zum Äquator hin ausbreitet, mehr Sonnenstrahlung in den Raum zurückreflektiert, was den Planeten weiter abkühlt und so die Ausbreitung des Eises noch fördert (und somit noch mehr Reflexion von Sonnenlicht). Budyko war der Meinung, dass dies trotz der mathematischen Wahrscheinlichkeit nicht geschehen sein konnte, weil die Erde, einmal zum Schneeball geworden, sich nie wieder aus diesem Zustand hätte befreien können. Die Geologie weist darauf hin, dass die ganze Erde kurz vor Beginn der ediacarischen Periode weiß wurde. Dicke Eisschichten überzogen die Kontinente von den Polen zum Äquator, und

Meereis überzog die Ozeane – man stelle sich eine antarktische Landschaft in der Karibik vor. Und doch sind wir der lebende Beweis dafür, dass die Erde den Klauen der Eiszeit entkam.

Die Funde im Gestein zeigen, dass das Eis nach ein paar Millionen Jahren schnell verschwand. Die Gletscher zogen sich zu den Polen und Berggipfeln zurück und verschwanden dann ganz. Was verursachte die Auflösung der dicken Eisschichten? Wieder wenden wir uns dem Kohlenstoffzyklus zu. Als sich das Eis auf der Erde ausbreitete, wurden die Prozesse, die das Kohlendioxid aus der Atmosphäre entfernten – hauptsächlich Photosynthese und die Verwitterungsprozesse auf den Kontinenten –, fast gänzlich gestoppt, während die, die der Luft CO_2 zuführen – hauptsächlich vulkanische Aktivitäten –, weitergingen. Im Laufe der Zeit baute sich der CO_2-Gehalt der Luft wieder auf und erlangte schließlich den kritischen Wert, an dem der Treibhauseffekt mit seiner Wärme zur katastrophenartigen Eisschmelze führte. Abgang Eiszeit, Auftritt ediacarische Periode.

Mistaken Point hat einen Ehrenplatz als einer der Orte, an dem die ältesten bekannten Exemplare ediacarischer Tiere gefunden wurden, doch an mehreren Dutzend Orten, die so weit auseinanderliegen wie Australien (Heimat der Ediacara Hills, die der Periode ihren Namen gegeben haben), Russland, China, Nordwestkanada, Kalifornien und Afrika, zeigen Funde, dass überall auf der Welt Tiere in den spätediacarischen Meeren lebten, die denen aus Neufundland ganz ähnlich waren. Da sind *Dickinsonia*, flache Ovale, die vor 560 bis 550 Millionen Jahren dicht am Meeresboden lebten (siehe Abbildung 27). Es gibt deutliche Unterschiede zu den Fossilien von Mistaken Point, aber generell lässt sich sagen: Es waren einfache Organismen aus mehreren gleichartigen, wahrscheinlich wassergefüllten Röhren, die sich durch das Einfangen und die Absorption von Partikeln ernährten und Sauerstoff durch Diffusion erhielten. Interessanterweise bestätigen einige außergewöhnliche fossile

Funde aus dem Gebiet des Weißen Meeres in Russland, dass *Dickinsonia* zu den Tieren gehört.

Dann gibt es noch *Arborea*, ein farnartiges Fossil, das häufig im jüngeren ediacarischen Sandstein zu finden ist (siehe Abbildung 28). Das *Arborea*-Tier hielt sich mit einer kreisförmigen Befestigung am flachen Meeresboden fest, während ein zylindrischer Stängel zwei federförmige Auswüchse in das umgebende Wasser vorschob. Da es keine sichtbaren Münder, Kiemen, Verdauungssysteme oder Gliedmaßen gibt, liegt es nahe, zu vermuten, dass sie Nahrung und Sauerstoff auf ähnliche Weise erhielten wie *Dickinsonia* und die Tiere von Mistaken Point. Doch gibt es eine Besonderheit bei *Arborea*. Sorgfältige Untersuchungen durch Frankie Dunn und ihre Kollegen zeigen, dass jede der kugelförmigen Einheiten an den Auswüchsen durch ein dünnes Rohr durch den Stängel mit dem Fuß verbunden ist. Das und die allgemein modulähnliche Struktur des Fossils legen die Vermutung nahe, dass es sich bei *Arborea* nicht um ein einzelnes Individuum, sondern um eine Kolonie handelte. Das ist nicht weiter überraschend, denn vor der Entstehung von Bilaterien mit gut entwickelten Organen war die Bildung von Kolonien der wichtigste Weg der Natur, komplexe Tiere zu erschaffen. Die Portugiesische Galeere zum Beispiel, ein heute lebendes Nesseltier, deren Nesseln bei unachtsamen Schwimmern hässliche Schwellungen auslösen können, sieht aus wie eine Qualle, ist aber tatsächlich eine Kolonie aus vielen Einzelwesen, von dem jedes sich so entwickelt hat, dass es eine spezifische Funktion übernehmen kann. Röhrenähnliche Strukturen, die von dem Gebilde herabhängen, sind einzelne Individuen, die sich auf Nahrungsaufnahme, Reproduktion oder Verteidigung spezialisiert haben. *Arborea* könnte ein frühes evolutionäres Experiment in diese Richtung darstellen.

Doch nicht alle spätediacarischen Fossilien passen in dieses Modell. *Kimberella* ist ein kleines Fossil, das zuerst in Australien entdeckt wurde, aber auch bei über tausend anderen Funden auftaucht. Besonders schöne Exemplare stammen aus dem Gestein vom Weißen Meer (siehe Abbildung 30). *Kimberella* sind ein paar Zentimeter lang, und vorne und hinten, oben und unten sowie rechts und links sind deutlich voneinander zu unterscheiden, was sie als Angehörige des bilaterischen Zweiges am Stammbaum der Tiere kenntlich macht. Die Fossilien weisen auf einen muskulösen Fuß mit darüberliegendem Gewebe und einem leicht verzierten Überzug hin. Alte Spuren machen deutlich, dass *Kimberella* sich auf dem Meeresboden bewegte, und Kratzspuren, die vom Mundbereich ausgehen, sagen uns, dass diese Tiere ein hartes, kammartiges Organ hatten, mit dem sie Algen und andere Mikroorganismen vom Meeresboden kratzten, so wie es heute die Raspel von Schnecken tun. Spuren und Kratzer in anderen Sandsteinen aus dieser Zeit weisen weitere einfache Bilaterien auf, die man nur an ihren Bewegungen auf und im Meeresboden erkennen kann (siehe Abbildung 31).

Die Entwicklungen gingen weiter, während sich das Ediacarium seinem Ende näherte. Röhren aus Kalziumkarbonat, die man zuerst in 547 bis 541 Jahre altem Kalkstein in Namibia fand, die aber ebenfalls weltweit auftraten, stellen den Anfang der mineralisierten Skelette bei Tieren dar (siehe Abbildung 29). Es kostet Energie, um eine solche Rüstung zu erstellen, aber als sich die Räuber weiterverbreiteten, wurden diese Kosten durch den unschätzbaren Wert des Überlebens aufgewogen. Am Ende der Periode gab es eine bescheidene Vielfalt dieser seltsamen ediacarischen Wesen, doch die uns vertrauten Tiere unserer Welt sollten erst noch kommen.

Als Tiere in die ediacarischen Meere hinausströmten, veränderte sich auch die Welt um sie herum und schuf die Grundlage für unsere heutige Biosphäre. Wir haben bereits bemerkt, dass der O_2-Gehalt während des größten Teils des proterozoischen Zeitalters in der Atmosphäre und in den Wasseroberflächen gering war und vielleicht nur 1 Prozent der heutigen Menge ausmachte. An ein paar Stellen des Meeres gibt es auch heute noch vergleichbar sauerstoffarme Umgebungen. Dort gibt es Tiere, aber hauptsächlich sehr winzige (nur ein paar Mikron groß und ein paar Dutzend Mikron breit), die kaum als Fossilien zu finden sind. Große, vielfältige

Abb. 27

Abb. 28

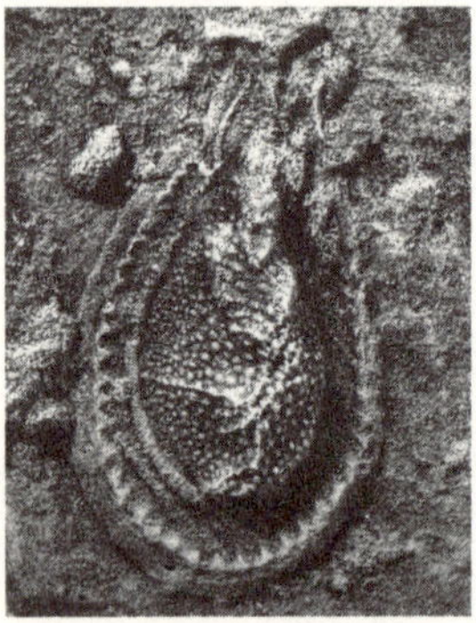

Abb. 29

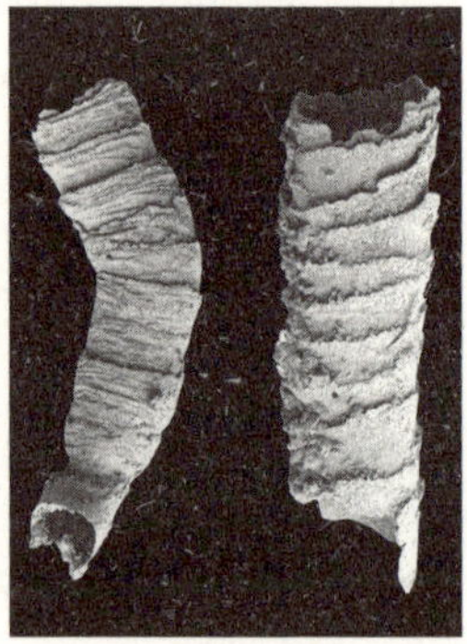

Abb. 30

Abb. 31

und energische Tiere – wie die Karnivoren, die bald die Bühne in unserer Erzählung einnehmen werden – kommen nur da vor, wo die Sauerstoffwerte höher sind. Makroskopische Tierfossilien lassen also vermuten, dass unser Planet im Ediacarium eine grundlegende Umwälzung der Meere durchlief (buchstäblich!), und Tausende chemischer Laboranalysen liefern unabhängige Beweise dafür, dass die Erde zu dieser Zeit langsam begann, zu dem sauerstoffreichen Planeten zu werden, den wir heute bewohnen.

Als die Tiere größer wurden und Sauerstoff in größeren Mengen verfügbar war, kam es auch in der photosynthetischen Flora und Fauna der Erde zu Veränderungen. Sowohl Fossilien als auch erhaltene Lipide deuten an, dass nach mehr als drei Milliarden Jahren weitgehend bakterieller Photosynthese die Algen in den Meeren eine ökologische Vormachtstellung einnahmen. Wie lässt sich diese koordinierte Veränderung bei Tieren, Algen und Luft erklären? Es gibt Grund, anzunehmen, dass durch massive Gebirgsbildungen im Ediacarium mehr Nährstoffe in die Ozeane gelangten. Im heutigen Meer sind dort, wo es an Nährstoffen mangelt, Cyanobakterien wichtige Mitglieder des Planktons; wo aber mehr Nährstoffe vorhanden sind, überwiegen eukaryotische Algen. Das Muster, das wir heute erkennen, lässt vermuten, was im Ediacarium geschehen ist: mehr Nährstoffe, mehr Photosynthese durch unterschiedliche Algen. Mehr Photosynthese, mehr Nährstoffe und Sauerstoff und – mehr als drei Milliarden Jahre nach dem Beginn des Lebens – eine Welt, in der große, energiereiche Tiere leben konnten.

Wird der untere Zeitrahmen des Ediacariums von Eis gebildet, so stellt die Evolution die obere Grenze dar. Man muss nur etwa 4500 Kilometer west-

Abb. 27-31 Fossilien und Spuren von Tieren in ediacarischem Gestein, darunter *Dickinsonia* (Abb. 27), *Arborea* (Abb. 28), das früheste mineralisierte Tierskelett (Abb. 29), *Kimberella* (Abb. 30) und Spuren eines frühen bilaterischen Tieres mit Gliedmaßen (Abb. 31).

lich von Neufundland in die Kleinstadt Field in British Columbia, direkt neben dem weltbekannten malerischen Lake Louise, reisen. An einem Berghang über dem Tal lösen Paläontologen vorsichtig dunkle Schieferplatten aus einem kleinen Steinbruch. Häufig werden ihre Bemühungen durch den Fund glänzender Abdrücke von Tieren (und ein paar Algen) belohnt, die sich auf den Oberflächen der Platten erstaunlich detailgetreu erhalten haben. Diese Felsen, auch Burgess-Schiefer genannt, wurden vor 510 bis 505 Millionen Jahren als Schlamm abgelagert, von Stürmen umgerührt und von Erdbeben erschüttert und rutschten einen steilen Hang hinunter bis zum relativ tiefen Meeresboden. Im Schlamm lagen Myriaden von Organismen begraben und waren vor der Zersetzung durch hungrige Mikroben geschützt. Daher sehen wir nicht nur die mineralisierten Skelette, die in normalen fossilen Lagern enthalten sind, sondern auch nicht mineralisierte Schilde, Gliedmaßen, Kiemen, Verdauungstrakte und sogar Nervenganglien, die wie Bilder aus einem alten Anatomiebuch vor uns liegen.

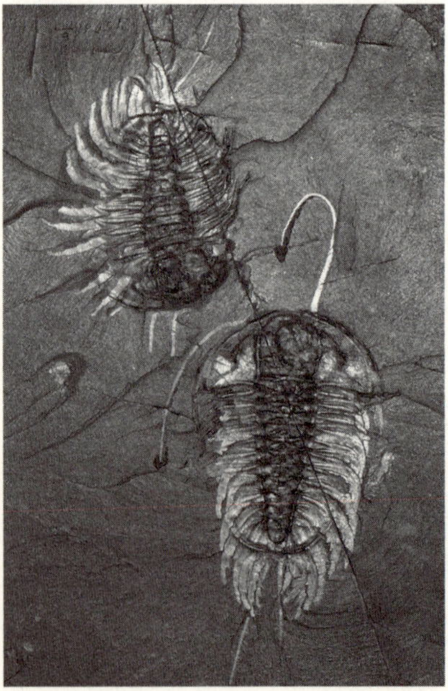

Abb. 32

Abb. 32–34 Kambrische Fossilien aus dem Burgess-Schiefer. Trilobiten mit gut erhaltenen Gliedern und Fühlern (Abb. 32), *Opabinia*, ein ausgestorbener Verwandter der Arthropoden (Abb. 33) und ein Polychätwurm mit ausgeprägten Borsten (Abb. 34).

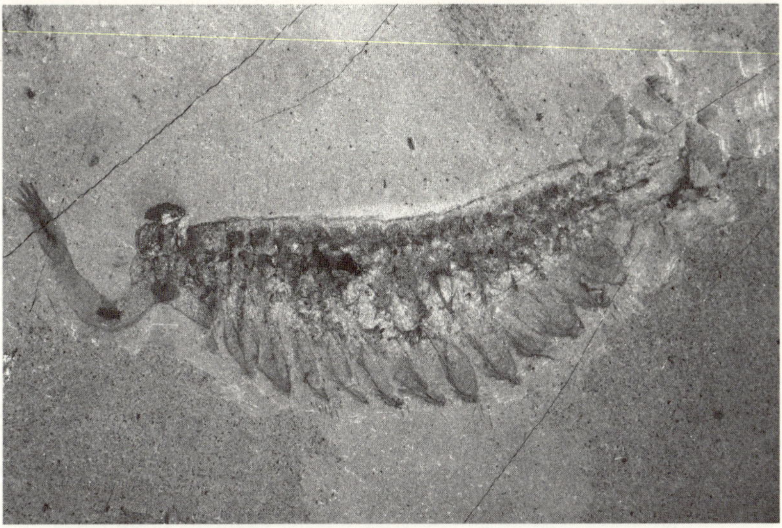

Abb. 33

Abb. 34

Und was für Organismen das waren (siehe Abbildung 32–34)! Das Kambrium (vor 541 bis 485 Millionen Jahren) ist bekannt als die Periode, in der wir zum ersten Mal eine Unmenge an Fossilien vertraut wirkender Tiere sehen. Das konventionelle Verzeichnis der kambrischen Tiere, wie wir es mithilfe von mineralisierten Schalen und anderen Skeletten lesen können, wird von ausgestorbenen Arthropoden namens Trilobiten dominiert. Diese segmentierten Kreaturen mit ihren vielen Gliedmaßen machen rund 75 Prozent aller fossilen Spezies aus, die man in kambrischem Gestein fand. Auch in Burgess gibt es viele Trilobiten (siehe Abbildung 32), doch machen die Arthropoden insgesamt nur etwa ein Drittel der Artenvielfalt von Burgess aus, und die meisten dieser Arthropoden sind keine Trilobiten, sondern eher wunderbar seltsame Formen, die keine Mineralien in ihr Exoskelett aufnehmen und daher nur selten erhalten sind. Schwämme kommen häufig vor, und das biologisch geschulte Auge kann Vertreter zahlreicher bilaterischer Nesseltiere erkennen, darunter Mollusken (Schnecken, Muscheln, Tintenfische), Vielborster und Priapswürmer, sowie selbst nahe Verwandte unserer eigenen Art: Wirbeltiere. Andere Formationen in China, Grönland und Australien erweitern dieses bemerkenswerte Fenster zu unserer biologischen Vergangenheit und lassen es bis mindestens 520 Millionen Jahre zurückgehen.

Die Fossilien des Ediacariums und des Kambriums sind sehr unterschiedlich. Könnte das daran liegen, dass die beobachteten Unterschiede sich durch die unterschiedliche Erhaltung und die Umgebung ergeben und nicht durch die Evolution? Es zeigt sich, dass diese Überlegung vernachlässigt werden kann. Zum einen dokumentieren Funde in etwa 550 Millionen Jahre altem chinesischem Schiefer, die ähnlich bewahrt sind wie die aus Burgess, diverse makroskopische ediacarische Organismen. Es gibt viel Seegras und nur wenig mögliche Tiere, aber keine Spur von Arthropoden, Mollusken oder anderen komplexeren Bilaterien. Spurenfossilien erzählen eine ähnliche Geschichte. Bewegliche Tiere hinterlassen eine Visitenkarte in Form von Spuren, Kratzern und Vertiefungen, die sowohl Anatomie als auch Verhalten widerspiegeln. In spätem ediacarischem Gestein findet sich eine begrenzte Vielfalt einfacher Spuren, doch das ist auch hier nicht vergleichbar mit den komplexen Spuren, die sich im kambrischen Sandstein und Schiefer erhalten haben. Im späten ediacarischen Gestein gibt es auch mineralisierte Skelette, doch deren einfache Morphologie und ihre begrenzten Variationen verblassen vor den reichen Funden an kambrischen Skeletten.

Dies macht deutlich, dass die Unterschiede in Flora und Fauna zwischen Mistaken Point und Burgess einen bemerkenswerten Zeitraum tierischer Diversifikation umspannen, den man für gewöhnlich die Kambrische Explosion nennt. Fraglos stehen die kambrischen Fossilien für das Entstehen einer neuen Biosphäre, die sowohl einen Höhepunkt als auch eine große Abweichung von den drei Milliarden Jahren der vorhergegangenen Evolution darstellt.

Sieht man sich die kambrischen Fossilien sorgfältig an, so erkennt man sowohl Unterschiede zu als auch Gemeinsamkeiten mit heutigen Tieren. In seinem Bestseller *Zufall Mensch* konzentriert sich Stephen Jay Gould auf die Unterschiede und betrachtet die Burgess-Tiere als »seltsame Wunder«, die die Baupläne ausgestorbener Tierkörper enthalten. Sein Lieblingsbeispiel war *Opabinia*, ein kleines, etwa 4 bis 7 Zentimeter langes Wesen mit fünf Augen und einem langen, biegsamen Auswuchs, der in einer Klaue endete (siehe Abbildung 33). Seltsam? Sicher. Aber fremdartig? Wohl eher nicht. *Opabinia* haben vielleicht merkwürdige Details, aber sie haben einen segmentierten Körper mit einem kräftigen organischen Exoskelett wie viele Arthropoden. Auch bei anderen Fossilien in kambrischem Gestein finden sich sowohl vertraute als auch fremdartige Merkmale, und wenn wir alles zusammen sehen, erkennen wir, wie es zu der Körperstruktur kam, die wir heute bei den Arthropoden sehen. Durch die Linse der kambrischen Fossilien betrachtet, kann man sich Arthropoden als die (sehr erfolgreichen) Überlebenden einer breiteren kambrischen Linie vorstellen. Und was für Arthropoden gilt, gilt auch für andere Nesseltiere. Kambrische Fossilien sind Schnappschüsse der tierischen Körperbaupläne in ihrer Entstehungszeit.

Die kambrische Periode ist also eine Zeit des Übergangs. Der große Sprung, zu dem im Ediacarium angesetzt wurde, geht weiter und nimmt tatsächlich noch Fahrt auf, endet aber nicht in der heutigen Biosphäre. Fossilien dokumentieren diverse tierische Körperbaupläne in statu nascendi, aber mit nur wenigen neuen Spezies und nicht vielen der heutigen Formen. Einige Tiergruppen entwickelten mineralgehärtete Skelette, um ihre Körper gegen die schnell wachsende Vielfalt der Karnivoren zu schützen, aber der kambrische Kalkstein bildete sich immer noch größtenteils durch physikalisch oder mikrobiell ausgelöste Kalziumkarbonatausfällungen. (Heutzutage sind Skelette für den größten Teil der Kalksteinablagerungen in den Meeren verantwortlich.) Die Riffe auf dem flachen Meeresboden waren hauptsächlich von Mikroben aufgebaut, auch wenn Fossilien nahelegen, dass Tiere in und um diese Strukturen herum gediehen. Seegras war relativ häufig, aber wie ihre tierischen Gegenstücke zeigen auch die Algenfossilien nur wenig Vielfalt. Der Sauerstoffgehalt in der Luft und in den Meeren war zwar höher als zuvor, erreichte aber immer noch kaum die Hälfte des heutigen Wertes. Das Wasser der Tiefsee war immer noch ohne Sauerstoff. Es gibt mehrere unabhängige Beweise dafür, dass das kambrische Klima wärmer war als das heutige, nach der langen Zeit der Schneeball-Erde herrschte jetzt ein richtiges Treibhausklima. Würde man in einem kambrischen Ozean schwimmen, würden einen die vielen Tiere überraschen, die durch das Wasser schossen, entweder auf der Jagd nach Beute oder auf der Flucht vor Jägern. Gleichzeitig würde man sich wohl über die Mischung von Fremdartigem und Vertrautem wundern, sowohl bei den Arten als auch bei Individuen. Es erinnert mich an die Reliefs in antiken ägyptischen Tempeln – es ist reizvoll, sie aus heutiger Sicht zu interpretieren, aber wahrscheinlich wenig sinnvoll.

Vor einigen Jahren hatte ich das erhebende Erlebnis, durch einen dicken stratigrafischen Abschnitt von Kalkstein wandern zu können, der das

Leben und die Umwelt in der ordovizischen Periode (vor circa 485 bis 444 Millionen Jahren) festhielt, der Periode, die auf das Kambrium folgte. Die Felsen am unteren Rand der Schichtenfolge sehen denen des darunterliegenden Kambriums sehr ähnlich – relativ wenig Fossilien mit wenig Varianten bei den meisten Arten, abgesehen von Trilobiten. Aber je höher ich kam und je weiter ich durch die Aufzeichnungen des Ordovizium hinaufstieg, desto mehr veränderte sich das Gestein. Es gab immer noch jede Menge Trilobiten, aber auch viele andere Skelettfossilien.

Wenn man einen Einblick in diese entstehende Welt haben möchte, sollte man die Landstraßen um Richmond, Indiana, einer Kleinstadt nordwestlich von Cincinnati entlangfahren. Mit dem Bulldozer gezogene Schnitte neben den Straßen zeigen Kalkstein aus dem späten Ordovizium (450 bis 445 Millionen Jahre alt) und Schiefer, der von Fossilien nur so überquillt. Und diese Fossilien sind nicht länger fremdartig. Es sind die deutlich erkennbaren Skelettreste von Muscheln, Schnecken, Cephalopoden (zu denen Tintenfische und Oktopoden gehören), Korallen, Bryozoen (Moostierchen), Brachiopoden und Seelilien. Diese Skelette bauten sich vom Meeresboden senkrecht nach oben auf und bildeten Riffe, die denen ähneln, die man beim Schnorcheln in den Florida Keys oder vor den Bahamas sehen kann. Gestein dieses Alters zeigt keine neuen Baupläne auf der Ebene der Nesseltierchen, aber die Variationsbreite stieg deutlich an – einigen Schätzungen zufolge sogar dramatisch. Und zum ersten Mal bestand der Kalkstein, der sich auf dem flachen Meeresboden ablagerte, hauptsächlich aus Skeletten.

Für diese dritte Stufe des Anstiegs der Vielfalt von Meerestieren gibt es viele unterschiedliche Erklärungen. Manche Geologen weisen auf chemische Beweise für ein Abkühlen der Meere hin, das den Tieren neue ökologische Möglichkeiten gab. Andere argumentieren, dass der Sauerstoffgehalt stieg und der tierischen Diversifizierung einen weiteren physikalischen Anreiz gab. Wieder andere setzen ökologische Triebfedern voraus und vermuten, dass erhöhter Druck durch Raubtiere dazu führte, dass sich Tiere und Algen mit schwerem Skelett in unterschiedliche Richtungen entwickelten.

Diese Erklärungen können alle wahr sein, aber einzeln gesehen ist jede davon unmöglich. Auch hier agierten die physikalischen und biologischen Prozesse nicht unabhängig voneinander. Es gibt viele Hinweise darauf, dass es zu einer globalen Abkühlung kam, möglicherweise ausgehend von entstehenden Gebirgen, deren Verwitterungsprozesse die Entnahme von CO_2 aus der Atmosphäre beschleunigten. Kaltes Wasser kann mehr gelösten Sauerstoff aufnehmen als warmes, daher führte die Abkühlung im Ordovizium zu größerer O_2-Verfügbarkeit für die Tiere in den flachen Meeren, selbst wenn die Atmosphäre unverändert blieb. Und fleischfressende Tiere benötigen generell mehr Sauerstoff als andere Tiere, da sie mehr Energie benötigen.

Welche Interpretation auch stimmen mag, in den Meeren des späten Ordoviziums wimmelte es jedenfalls von Tieren. Ausgestorbene Korallen, massive Bryozoen (den heutigen Moostierchen völlig unähnlich) und stark mineralisierte Schwämme produzierten Riffe, die diversen Raubtieren Nahrung und Schutz boten, unter anderem konischen Verwandten der Kalmare – von denen manche bis zu 3,5 Meter lang wurden – und Fischen, erkennbar an ihren Finnen und Schwanzflossen, aber ohne Kiefer. Die globale Abkühlung gipfelte in einer kurzen, aber heftigen Eiszeit, die in den Gletschergesteinen der Kontinente auf der heutigen südlichen Hemisphäre verzeichnet ist. Und noch etwas geschah. Als der Gletscher sich auflöste, waren etwa 70 Prozent aller bekannten Tierarten verschwunden.

6

Der grüne Planet

PFLANZEN UND TIERE BESIEDELN DAS LAND

1991 BESTIEG ICH in Moskau ein Flugzeug der Aeroflot, um nach Jakutsk, einer sibirischen Stadt 4900 Kilometer östlich der Hauptstadt zu fliegen. Fast die ganzen acht Flugstunden lang sah ich aus dem Fenster und erblickte unter mir kaum mehr als endlose Wälder, nur durchbrochen von den silbernen Bändern der Flüsse, die sich ihren gewundenen Weg zum Arktischen Ozean bahnten. Im Kambrium, als die Trilobiten ihre evolutionäre Jugend feierten, hätte ein ähnlicher Flug hauptsächlich über nackte Felsen geführt, die hier und da von Mikrobenschleim überzogen gewesen wären. Das Grün der sibirischen Landschaft spiegelt demnach eine weitere biologische Revolution wider, die Kolonisierung des Landes durch komplexe vielzellige Organismen.

Mikroben besiedelten das Land wahrscheinlich schon recht früh in der Geschichte der Erde, aber es sind die Pflanzen, die die Welt veränderten, indem sie komplexen terrestrischen Ökosystemen Nahrung und Struktur verliehen. Heute stehen etwa 400 000 Arten Landpflanzen für ungefähr die Hälfte der Photosynthese und etwa 80 Prozent der gesamten Biomasse des Planeten. Der prachtvolle grüne Mantel der Erde ist ein so hervorstechendes Merkmal unseres Planeten, dass man ihn vom Weltall aus sehen kann. 1990 richtete die *Galileo*-Sonde der NASA auf dem Weg zum Jupiter ihr mechanisches Auge auf die Erde und zeichnete in dem von ihr reflektierten Licht eine deutliche Spitze im fast infraroten Bereich auf – das sogenannte Vegetation Red Edge. Es entsteht, weil Vegetation auf dem Land die eintreffende sichtbare Strahlung absorbiert, aber infrarote Wellenlängen in den Raum reflektiert. Besucher der frühen Erde hätten so etwas nicht entdecken können.

Tiere stammen zwar aus dem Meer, doch die größte Vielfalt findet sich heute an Land – allein die Insekten übertreffen zahlenmäßig alle Spezies im Wasser. Eine große, weitgehend nicht dokumentierte Vielfalt an Pilzen durchdringt den Boden, und Myriaden von Protisten und Bakterien verarbeiten Kohlenstoff, Stickstoff, Schwefel und andere Elemente an Land genauso, wie sie es lange Zeit im Wasser getan haben.

Sicherlich spiegelt die uns vertraute Welt der Felder und Wälder, Grashüpfer und Kaninchen eine bemerkenswerte Transformation von Kontinenten und Inseln wider, die sich hauptsächlich in den letzten 10 Prozent der Geschichte der Erde vollzog. Wie kam es zur Begrünung unseres Planeten und was waren die Konsequenzen für die Erde?

1912 kam der Arzt William Mackie bei seiner Erforschung der örtlichen Geologie durch das Dorf Rhynie in Schottland. Es liegt etwa 50 Kilometer nordwestlich von Aberdeen in einer Landschaft von Feldern, die gelegentlich von Felsvorsprüngen unterbrochen wird, um den Geologen zu erfreuen. Als Mackie ein paar ungewöhnliche Steine in den Mauern um die Felder entdeckte, wollte er sie sich genauer ansehen. Die Steine bestanden aus Kiesel (SiO_2), und schon bei oberflächlicher Betrachtung konnte man die fossilen Stämme von Pflanzen erkennen, von denen manche versteinert waren, so wie sie wuchsen. Mackie hatte den Rhynie-Kiesel entdeckt, das Gegenstück zum Burgess-Schiefer. Er wurde vor 407 Millionen Jahren in und um heiße Quellen wie denen, die man heute im Yellowstone-Nationalpark oder auf der Nordinsel von Neuseeland findet, abgelagert und bietet einen bemerkenswerten Einblick in das terrestrische Ökosystem in seiner evolutionären Pubertät.

Obwohl Pflanzen die unumstrittenen Stars von Rhynie sind, teilen sie sich, wie man noch sehen wird, die Bühne mit Myriaden von anderen Organismen. Viele Merkmale der Zell- und Molekularbiologie machen deutlich, dass sich die Pflanzen auf dem Land aus den Grünalgen in Süßwasser entwickelten. Doch die Evolutionsreise von Flüssen und Teichen an trockenes Land bot viele Herausforderungen, zum Beispiel die Gefahr auszutrocknen und die Notwendigkeit, mechanischen Halt oder Ressourcen zu finden. Im Wasser laufen photosynthetische Organismen keine Gefahr auszutrocknen, doch an Land verdunstet Wasser fortlaufend aus den Zellen – legt man die Süßwasservarianten von Pflanzen aufs trockene Land, werden sie schnell welken und absterben. Die Voraussetzung für photosynthetisches Leben an Land war also eine Möglichkeit, zu verhindern, dass Wasser aus lebendem Gewebe verdunstet. Seegras braucht kein besonderes Gewebe, um auf einem See- oder Flussboden senkrecht zu stehen, da das Wasser selbst ihren Körper stützt. Doch die Luft an Land kann stehendes Gewebe nicht stützen, daher brauchen die Pflanzen andere Möglichkeiten, um sich aufrecht halten zu können. Und in Flüssen und Seen werden Nährstoffe aus dem Wasser entnommen, wohingegen sie an Land aus dem Boden kommen und an Stellen mit Zellwachstum gebracht werden müssen. Zum Glück für die Paläontologen sind die Anpassungen der Pflanzen an ein Leben auf dem Land weitgehend anatomischer Art – man sieht sie sowohl in heutigen Pflanzen als auch in Fossilien.

Rhynia, eine frühe Pflanze, die weite Teile der Landschaft von Rhynie überzog, bestand hauptsächlich aus nackten photosynthetischen Achsen, stiftgroßen Strukturen, die am Boden entlangwuchsen, ähnlich wie die Ableger von Erdbeeren, und gelegentlich hervorsprießenden vertikalen Zweigen, die bis zu 20 Zentimeter in die Höhe ragten (siehe Abbildung 35). In den Achsen ist eine dünne äußere Schicht aus Wachs und Fettsäuren erhalten, die man Oberhaut nennt. Von heutigen Pflanzen weiß man, dass diese Oberhaut effektiv verhindert, dass das Wasser aus den Zellen in die Atmosphäre entweicht. Es verhindert aber ebenso effektiv, dass Kohlendioxid zur Photosynthese in die Pflanze hineindiffundiert. Also hat *Rhynia* wie viele heutige Pflanzen eine elegante Lösung gefunden, um CO_2-Aufnahme und Wasserverlust gegeneinander abzuwägen. Auf der Oberfläche befinden sich viele kleine Löcher namens Stomata. Sie sind von Zellen umgeben, die sich um diese Öffnung herum ausdehnen, wenn die Pflanze Wassermangel ausgesetzt ist, und die sich zusammenziehen, um die Löcher zu öffnen, wenn es sicher genug ist, sodass das Kohlendioxid in die Pflanze eindringen kann. Oberhaut mit Stomata ist also für Landpflanzen eine Conditio sine qua non, und das ist in den Fossilien von Rhynie deutlich zu sehen.

Weil Photosynthese an Land unweigerlich mit Wasserverlust verbunden ist, brauchen Pflanzen einen Mechanismus, mit dem sie Wasser aus ihrer Umgebung aufnehmen und durch ihr System transportieren können. In terrestrischen Ökosystemen ist Wasser, ebenso wie Nährstoffe wie Stickstoff und Phosphor, hauptsächlich im Boden gebunden. Heutige Pflanzen haben Wurzeln, deren dünne, fingerartige Projektionen durch das Substrat dringen und dabei sowohl Wasser als auch Nährstoffe aufnehmen. Bei den meisten Pflanzen wird die Aufnahme von Nährstoffen von Pilzen übernommen, die in enger Verbindung mit den Wurzeln leben. Die Rhynie-Pflanzen hatten keine gut ausgebildeten Wurzeln, sondern verließen sich auf dünne Fasern, die man Rhizoide nennt, die sie mit dem Boden verbanden und für die Wasseraufnahme sorgten. Doch die Fossilien zeigen, dass Landpflanzen vor mehr als 400 Millionen Jahren bereits in enger Verbindung mit Pilzen lebten und Nahrung gegen Nährstoffe eintauschten. Ohne diese Partnerschaft hätte die grüne Revolution der Erde vielleicht nie stattfinden können.

Und schließlich müssen Pflanzen Wasser und Nährstoffe vom Boden aufwärtstransportieren und die durch die Photosynthese gewonnene Nahrung durch den Pflanzenkörper bringen, was durch ein besonderes Gewebe, das Gefäßsystem, geschieht. Darüber hinaus haben wasserführende Zellen eine dicke Wand, die der Pflanzenachse mechanische Stärke verleiht. Anatomische Schnitte von *Rhynia* zeigen einen dünnen Zylinder von Gefäßgewebe, das von der Mitte der Pflanze ausgeht (siehe Abbildung 36).

Die aufrechten *Rhynia*-Achsen enden normalerweise in einem länglichen Behälter mit Sporen für die Reproduktion. Im Wasser können sich Sporen frei von einem Ort zum anderen bewegen, wodurch die Verbreitung zu einer relativ einfachen Sache wird. An Land jedoch wurden die

Abb. 35

Abb. 35–37 Der Rhynie-Kiesel, 407 Millionen Jahre alt, Schottland. Rhynie-Felsen bieten einen der frühesten Einblicke in terrestrische Ökosysteme und zeigen unter anderem einfache Pflanzen (Abb. 35, anatomisch erhaltener Schnitt in Abb. 36), Tiere, Pilze (Abb. 37, der Pfeil zeigt auf den Pilz, der auf dem Gewebe der Rhynie-Pflanzen lebte), Algen, Protozoen und Bakterien, die alle an Land oder in flachen Teichen lebten.

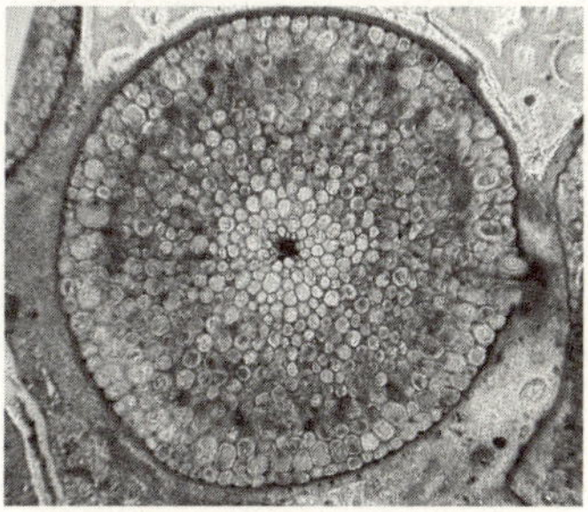

Abb. 36

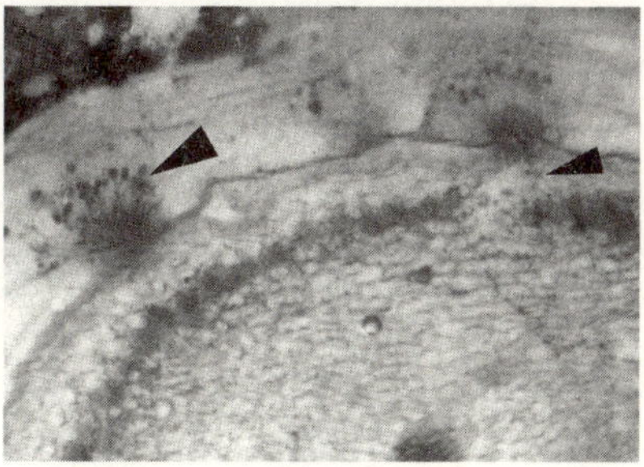

Abb. 37

Rhynia-Sporen vom Wind über die Landschaft geweht, wo sie von Austrocknung bedroht waren. Wie heutige Farnsporen oder Pollenkörner waren die *Rhynia*-Sporen von einem komplexen Polymer namens Sporopollenin umgeben, was sowohl den Wasserverlust begrenzt als auch einen »Sonnenschutz« gegen gefährliche UV-Strahlung darstellt. Allgemein ähnelten *Rhynia* und andere Pflanzen von Rhynie heutigen Pflanzen, doch darüber hinaus wird es interessant, da sie weder Blätter noch große Wurzeln, Holz oder Samen hatten. Insgesamt bewahrt der Rhynie-Kiesel die photosynthetischen Pioniere in der Phase, in der sie zu Pflanzen werden, ähnlich wie der Burgess-Schiefer das bei Tieren tut.

Auch über ein Dutzend Tierarten wurden in Rhynie entdeckt, bis auf eine bemerkenswerte Ausnahme alles Arthropoden. Bei dieser Ausnahme handelt es sich um Nematoden, winzige Rundwürmer, die zwar die zahlreichste Tierart der Erde darstellen, gleichzeitig aber auch die seltensten Fossilien hervorgebracht haben. Wie frühe Pflanzen mussten sich auch frühe Tierkolonien vor Austrocknung schützen und ihr Gewicht an Land tragen können. Eine wachsartige Schicht über dem organischen Exoskelett der Arthropoden bewahrte das Wasser, während kräftige Beine, ursprünglich im Meer entwickelt, sie an Land stützten und beweglich machten. Sauerstoff war eine weitere Herausforderung, da Kiemen im Wasser sehr gut funktionieren, an der Luft aber recht nutzlos sind. Viele Skorpione und Spinnen atmen mit Fächerlungen, kompliziert gefaltetem Gewebe, das für maximalen Oberflächenkontakt mit der Luft sorgt und Sauerstoff aus der Atmosphäre in den Körper diffundieren lässt, wo er von blutartigen Flüssigkeiten durch den Körper transportiert wird. Fächerlungen scheinen ein Erbe der kiementragenden Vorfahren aus dem Wasser zu sein.

Die Rhynie-Felsen enthalten außerdem die ältesten bekannten Insekten, Ausgangspunkt für eine Verbreitung, die das Tierreich in Hinblick auf Vielfalt dominieren sollte. Dazu sind dort verschiedene Pilze enthalten, sowohl solche, die tote Pflanzen fraßen, als auch solche, die lebende Pflanzen ernährten (siehe Abbildung 37). Und es gibt Oomyceten (Eipilze), pilzartige Mikroorganismen, die die Kartoffelfäule im Irland des 19. Jahrhunderts verursacht haben; Amöben, die vasenartige organische Hüllen um ihre Zellen bauten; Grünalgen und Cyanobakterien. Kurz gesagt zeigen die Fossilien von Rhynie, dass die terrestrischen Ökosysteme vor 400 Millionen Jahren bereits die Grundsteine für ihre heutige ökologische Struktur und deren Diversität legten. Fragmente älterer Fossilien zeigen, das schon 50 Millionen Jahre vor Rhynie frühe Vorläufer der Landpflanzen an Land Fuß fassten. Wenn man sich auf der Zeitschiene weiterbewegt, hatten die Pflanzen in den 50 Millionen Jahren nach dem schottischen Meilenstein einen bemerkenswerten Evolutionsschub, bei dem sie Blätter, Wurzeln, Holz und Samen entwickelten – bis auf Letzteres in mehreren verschiedenen Zweigen.

Wirbeltiere, unsere Vorfahren, stießen relativ spät zur Truppe dazu. Landwirbeltiere, genannt Tetrapoden, weil sie vier Gliedmaßen haben, stammen eindeutig von Fischen ab, die sich als Teil der Kambrischen Explosion in den Meeren entwickelten. Tatsächlich zeigen die vergleichende Biologie und molekulare Sequenzanalysen, das tetrapode Wirbeltiere mit einer spezifischen Ordnung namens Fleischflosser verwandt sind. Die meisten Knochenfische, vom Thunfisch bis zur Forelle, haben Finnen, die von langen, dünnen Gräten gestützt werden, die von einem Gerüst kleiner Knochen am Körper ausgehen. Im Gegensatz dazu sind bei den Fleischflossern zwei fleischige Finnen mittels eines einzelnen Knochens mit dem Körper verbunden, wobei andere Knochen eine Struktur bilden, die den Knochen in den Gliedmaßen der Tetrapoden ähneln. Die bekanntesten Fleischflosser sind die Quastenflosser, obwohl sie nicht die nächsten Verwandten der Landwirbeltiere sind. Diese markanten Fische waren lange Zeit als Fossilien bekannt, aber nur in Gestein, das älter war als 66 Millionen Jahre, daher nahm man an, dass sie damals ausgestorben waren. Doch 1938 tauchte im Fang eines Fischers vor der südafrikanischen Küste ein lebender Quastenflosser auf und machte darauf aufmerksam, dass die Schlussfolgerung über das Aussterben wohl voreilig gewesen war. Später entdeckte man eine weitere Spezies in den Gewässern vor Sulawesi in Indonesien. Quastenflosser haben unzweifelhaft die fleischige Struktur, die sie als Verwandte der Wirbeltiere kennzeichnet, aber ebenso zweifelsfrei steht fest, dass sie Fische sind, die ihr Leben im Wasser verbringen.

Nähere vierfüßige Verwandte sind die Lungenfische, ein halbes Dutzend Arten von Süßwasserfischen, die nicht nur Fleischflossen haben, sondern auch mithilfe von primitiven Lungen atmen können, die evolutionsmäßig mit den Schwimmblasen verwandt sind, den blasenartigen Organen, mit denen Fische vor allem ihre Schwimmfähigkeit aufrechterhalten, die aber auch das Herz mit Sauerstoff versorgen. Lungenfische sind zwar noch als Fische erkennbar, aber sie zeigen bereits deutliche Hinweise auf eine Anpassung an das Leben an Land. Nur eine Spezies behält die Fähigkeit, nur durch Kiemen zu atmen, bei. Die morphologische Lücke zwischen Fischen und Tetrapoden ist jedoch immer noch groß. Wirbeltiere benötigten ähnlich wie Pflanzen eine evolutionäre Veränderung, um an Land Fuß fassen zu können. Sie brauchten nicht nur Lungen, um Sauerstoff aus der Luft zu gewinnen, sondern auch eine strukturelle Neuorganisation ihrer Gehirne, ihres Brustkorbs sowie ihrer Gliedmaßen, um zu essen, zu atmen und sich in der Landumgebung fortbewegen zu können.

Fische erhalten ihre Nahrung hauptsächlich dadurch, dass sie sie in ihr Maul einsaugen, und Sauerstoff, indem sie Wasser aufnehmen und durch ihre Kiemen pressen. Fischköpfe sind daher komplexe, aber flexible Strukturen. An Land müssen Wirbeltiere ihre Nahrung zerbeißen und Sauerstoff mit der Luft atmen. Deswegen veränderte sich die Anatomie des Schädels hin zu einer kräftigeren, stabileren Struktur. Bei diesen Veränderungen wurde auch der Gaumen umgeformt, um Laute zu erzeugen, mit weitreichenden Konsequenzen für das Verhalten. Auch im Bereich des Brustkastens zeigt sich die Anpassung an die Atmung an Land. Lange, vom Rückgrat ausgehende Knochen stützen die Muskulatur, mit der die Lunge ausgedehnt und zusammengezogen wird. Darüber hinaus gehen bei Fischen die Knochen von Schultergürtel und Kopf ineinander über und bilden so den schlanken Körper, der die Bewegung im Wasser ermöglicht. Die Fortbewegung erfolgt hauptsächlich über die Muskulatur an Körper und Schwanz. Sowohl Strukturunterstützung als auch Fortbewegung von Landwirbeltieren erfordern muskuläre Gliedmaßen, die an ausgeprägten Hüft- und Schultergürteln ansetzen (Letzterer jetzt deutlich durch einen Hals vom Kopf abgesetzt), an denen die Muskulatur verankert ist.

Eine Reihe von Fossilien, die vor 380 bis 360 Millionen Jahren abgelagert wurden, hat diesen Übergang auf überzeugende Weise bewahrt. Evolutionsleugner behaupten gelegentlich, dass die Fossilien keine Zwischenstufen der Evolution zeigen, aber diese Leute haben den *Tiktaalik* noch nicht gesehen (siehe Abbildung 38). Dieses Tier wurde in 375 Millionen Jahre altem Gestein in der kanadischen Arktis entdeckt. Es weist die Körperstruktur eines Fleischflossers auf, atmet mit Kiemen und ist mit Schuppen bedeckt, doch es hatte einen abgeflachten Kopf, ähnlich dem eines Krokodils. Die Flossen bauten auf dem Fleischflossenkonzept auf, doch zeigt es Knochenmodifikationen, die stark an Ellbogen und Handgelenke erinnern. Der Schultergürtel ist durch einen Hals vom Kopf getrennt und scheint Muskeln gehabt zu haben, die für die Fortbewegung mittels Gliedmaßen und zur Stützung des Körpers gedient haben. Auch einige Merkmale des Kopfes weisen darauf hin, dass der *Tiktaalik* wie der Lungenfisch von heute Luft mittels Lungen atmete.

War der *Tiktaalik* nun ein Fisch oder ein Tetrapode? Das lässt sich schwer sagen und genau darum geht es. Dieses bemerkenswerte Fossil und ähnliche Funde zeichnen den Übergang vom Wasser ans Land auf, wobei sich zu unterschiedlichen Zeiten unterschiedliche Merkmale entwickelten. Der *Tiktaalik* war zwar noch ein Wasserlebewesen, aber wahrscheinlich war er in der Lage, sich in seichtem Wasser und mithilfe seiner gliederartigen Flossen vielleicht sogar im Uferbereich zu bewegen.

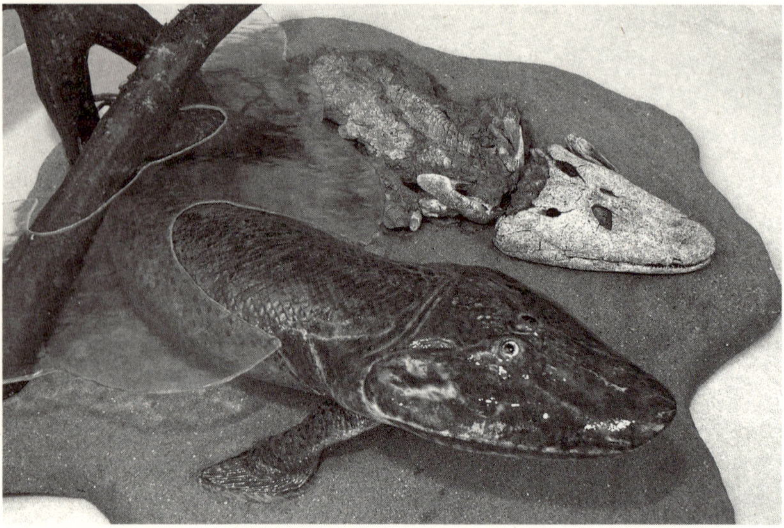

Abb. 38 *Tiktaalik*, ein 375 Millionen Jahre altes Fossil (auf der linken Seite rekonstruiert), das Merkmale aufweist, die zwischen denen von Fischen und Wirbeltieren an Land liegen.

Außerdem konnte er Luft atmen und Beute mit den Kiefern fangen. Fossile Spuren auf der Oberfläche von Sedimentgestein zeigen unabhängig davon, dass die Wirbeltiere gegen Ende des Devons mit der Besiedelung des Landes begonnen hatten.

Zu Beginn der kambrischen Diversifizierung des maritimen Lebens befanden sich die Kontinente der Erde in einer Art globaler Diaspora, da Ausbrüche im Mantel einen spätproterozoischen Superkontinent aufbrachen und die Einzelteile sich über den Globus ausbreiteten. Doch auf der runden Erde trifft sich früher oder später alles wieder, daher hatten sich zur Zeit von Rhynie die einzelnen Kontinente wieder gesammelt und bildeten einen einzigen großen Superkontinent, Pangäa. Über Millionen von Jahren kollidierten Landmassen, schoben Berge auf, die heute als sanfte Hügel noch erkennbar sind und deren Falten und Risse noch in

Steinbrüchen und Straßenschnitten zu sehen sind. Vor etwa 300 Millionen Jahren war die Bildung von Pangäa vollendet, doch durch die kontinuierliche Umwälzung des Mantels brachen die Kontinente vor 175 Millionen Jahren wieder auseinander (siehe Kapitel 2).

Wie wirkte sich die Eroberung des Landes durch das Leben auf den Planeten aus? Ein Produkt der Kolonisierung ist Erdboden. Damit meint man allgemein alles, was die physisch veränderte Oberfläche des Planeten betrifft. Aber Böden, die wahrscheinlich größte Ressource für Menschen, spiegeln einmal mehr die *gegenseitige Beeinflussung* von physikalischen und biologischen Prozessen wider. Sie sind ebenso abhängig von Wurzeln und Pilzen, vergrabenen Pflanzenresten und Erdwürmern wie von chemischen Witterungsprozessen. Der größte Teil der Erdbodenbildung – chemische Verwitterung – wird sogar von Wurzeln begünstigt, die in die Oberfläche eindringen und dabei organische Säuren absondern. Als sich also das terrestrische Ökosystem etablierte, bildeten sich gleichzeitig auch fruchtbare Böden.

Oberhaut, Lignin, Sporopollenin und andere Biomoleküle, die von Pflanzen synthetisiert werden, sind resistent gegen bakteriellen Zerfall, daher können sie in Ablagerungen erhalten bleiben. Diese Neuerung im Kohlenstoffzyklus sollte zwei auffällige Konsequenzen haben. Die Ablagerung von mehr photosynthetisch erzeugtem organischem Material im Boden sollte die Überführung von CO_2 aus der Atmosphäre in organische Moleküle in Sedimenten erhöhen und so das Klima der Erde abkühlen. Und da im Boden vergrabener organischer Kohlenstoff organischer Kohlenstoff ist, der nicht mittels Sauerstoff respiriert wird, hätte der O_2-Gehalt in der Atmosphäre ansteigen müssen. Mit diesen Vermutungen stehen vier deutliche chemische Hinweise im Einklang, die nahelegen, dass gleichzeitig mit der Entwicklung der ersten Landpflanzen die Sauerstoffwerte in der Atmosphäre endlich das heutige Niveau erreichten und O_2 auch in die Tiefen der Ozeane vordrang. Gegen Ende des Devons und im darauffolgenden Zeitalter des Karbons begannen sich auf den südlichen Kontinenten erneut Eisgletscher auszubreiten. Spuren davon lassen sich in den Sedimentgesteinen von Afrika, Südamerika, Indien, Australien und der Antarktis finden, die alle zu einer spätpaleozoischen Landmasse gehörten.

Während das Eis die Pole überzog, breiteten sich im Tiefland um den Äquator, zu dem damals Nordamerika, Europa und Teile von China gehörten, Schwämme aus. Ein Großteil der Kohle, die die industrielle Revolution auslöste (und heute die Erderwärmung fördert), stammt aus Pflanzenresten, die in diesen alten Feuchtgebieten versanken. Biologisch gesehen war dies eine Zeit der Riesen – es gab noch keine Dinosaurier, aber Libellen mit einer Flügelspannweite von bis zu 70 Zentimetern und 2 Meter lange Tausendfüßer. Zur Familie des Winterschachtelhalms, die heute nur von 15 meist recht kleinen Spezies vertreten wird, gehörten damals bis zu 10 Meter hohe Bäume. Und Bärlappgewächse, die in der heutigen Landschaft ebenfalls nur noch als Bodendecker zu finden sind, erreichten in den tropischen Feuchtgebieten des Karbons bis zu 30 Meter Höhe. Die Kohle in West Virginia, Kentucky und Illinois stammt hauptsächlich aus den zusammengepressten Resten dieser ausgestorbenen Riesen. Farne und Samenpflanzen entwickelten sich ebenfalls weiter zu weitgehend ausgestorbenen Gattungen, unter anderem aber auch zu den Vorfahren der heutigen Koniferen. Doch die Feuchtgebiete waren nicht von Dauer. Die Berge, die sich während der spätpaleozoischen Kontinentalkollision aufgetürmt hatten, änderten die Strömungen der Atmosphäre und der Meere, wodurch die Feuchtgebiete entwässert und die spezifischen Arten, die dort lebten, zum Untergang verdammt wurden. Sowohl unter Pflanzen als auch unter Tetrapoden entwickelten sich neue Ökosysteme, darunter auch die, zu denen die bekanntesten aller ausgestorbenen Organismen gehörten, die Dinosaurier.

Vor Jahren, als ich mich endlich für diese Auszeichnung qualifiziert hatte, nahm ich an einer Konferenz für junge Wissenschaftler teil. Dort traf ich unter anderem Maria Zuber, die damals ein aufsteigender Stern am Himmel der Planetenwissenschaftler war und die heute eine der führenden Expertinnen für den Mond und ferne Planeten ist. Am Abend des ersten Tages rief sie ihren jüngsten Sohn zu Hause an und berichtete ihm, dass sie fast den ganzen Tag mit Paläontologen gesprochen hatte. Aufgeregt fragte er, wen sie getroffen hatte. »Oh, eine Menge Leute«, erwiderte Maria. »Andy Knoll, Simon Conway Morris.« Von denen hatte ihr Sohn noch nie gehört. Als Maria ihm sagte, dass sich diese Nobodys mit frühen Lebensformen beschäftigten, erwiderte er mit unverhohlenem Mitleid: »Sei nicht traurig, Mum. Vielleicht triffst du ja nächstes Mal ein paar Dinosaurierleute.«

Dinosaurier. *Brachiosaurus, Triceratops, Tyrannosaurus rex.* Die Namen kennt man, oder man kannte sie zumindest, als man acht Jahre alt war. Angesichts der Gesamtheit der Erde und des Lebens war ihre Vorherrschaft kurz, sie umfasste kaum 4 Prozent der Erdgeschichte. Und verglichen mit dem Fußabdruck, den die Cyanobakterien hinterlassen haben, machten sie keinen großen Eindruck. Doch im Jura und in der Kreidezeit war die ökologische Dominanz der Dinosaurier absolut, und die Gestalten, die sie annahmen, sind in der Geschichte des Lebens ohnegleichen.

Was also sind Dinosaurier? Was für Merkmalen verdanken sie ihren ökologischen Erfolg? Und warum wurden manche von ihnen so beeindruckend groß? Beginnen wir mit der Welt, in der die Dinosaurier lebten.

Die frühesten Landwirbeltiere waren Räuber, vielleicht auch Sammler, doch innerhalb von 50 Millionen Jahren umfassten die verschiedenen Tetrapoden sowohl Fleisch- als auch Pflanzenfresser, die sich in Amphibien und Amnioten aufteilten, zu denen heute Reptilien, Vögel, Schildkröten und Säugetiere gehören. Wie im nächsten Kapitel beschrieben, endete das Paläozoikum in einer Katastrophe, doch als sich im Mesozoikum (vor 252 bis 66 Millionen Jahren) die terrestrischen Ökosysteme erholten, nahmen sowohl Wirbeltiere als auch die Vegetation vertrautere

Gestalten an. Die vorherrschenden Bäume und Büsche waren jetzt Koniferen, Ginkgos und andere Samenpflanzen, während verschiedene Farne eine Nebenrolle spielten. Blütenpflanzen, die heute die meisten Ökosysteme an Land dominieren, entstanden erst spät in dieser Ära, und die ältesten Fossilien sind etwas älter als 140 Millionen Jahre.

Die Tetrapoden des frühen Mesozoikums entwickelten sich unter anderem zu Ordnungen, die wir auch heute noch kennen. Die frühesten bekannten wirklichen Säugetiere sowie Schildkröten, Eidechsen und Frösche tauchen im Gestein des Trias auf (vor 252 bis 201 Millionen Jahren), zugleich mit Pterosauriern (die ersten geflügelten Wirbeltiere), Dinosauriermorphen (die ersten wirklichen Dinosaurier und ihre nahen Verwandten) und anderen, mittlerweile ausgestorbenen Gruppen. In vielen Landschaften des Trias waren die unterschiedlichsten und am weitesten verbreiteten Wirbeltiere große, äußerst bewegliche Reptilien, die sich sowohl auf zwei als auch auf vier Beinen fortbewegten. Manche hatten lange, mit Zähnen bewehrte Kiefer, andere stumpfe Nasen, einige waren Fleischfresser, andere ernährten sich nur von Pflanzen. Dinosaurier? Ehrlich gesagt, nein. In den Lebensgemeinschaften des Trias gab es wohl Dinosaurier, aber sie waren nicht sehr zahlreich oder sehr unterschiedlich. Die Aristokraten der Landschaften im Trias gehörten zu einem Zweig, zu dem heute die Krokodile zählen. Gewannen die Dinosaurier irgendwann die Oberhand, weil sie eine überlegene Anpassung vornahmen? Es sieht nicht danach aus. Die Welt des Trias begann mit einer Katastrophe und endete auch in einer. Dinosaurier verdanken ihre ökologische Vorherrschaft zumindest zum Teil der Tatsache, dass sie die Umweltbelastungen im späten Trias überlebten, vielleicht durch ebenso viel Glück wie durch gute Gene.

Während auf den Kontinenten eine modernere biologische Welt zu entstehen begann, unterlag die Erde selbst weiteren Veränderungen. Zu den ersten Absplitterungen von Pangäa gehören die Palisades, vulkanische Felsen, die in der frühesten Phase der Aufteilung des Superkontinents entstanden waren und jetzt als niedrige Klippen entlang des Hudson River in der Nähe von New York stehen. Der Atlantik öffnete sich wie ein Reißverschluss vom Äquator zu den Polen. Und während sich Nord- und Südamerika nach Westen bewegten, schob sich der ozeanische Rand der Pazifikplatte darunter und ließ so die Rocky Mountains und die Anden entstehen. Auch die südlichen Kontinente fielen auseinander. Afrika und Indien verschoben sich nach Norden und stießen mit der Unterseite von Eurasien zusammen, was zur Entstehung der großen Gebirgszüge führte, die sich von den Alpen bis zum Himalaya erstrecken. Das heißt, die Geografie der Welt, wie wir sie kennen, entstand. Es war ein warmes, weitgehend eisfreies Intervall, doch die durch die tektonischen Platten neu verteilten Landmassen und aufgetürmten Gebirge legten den Samen für eine neue Eiszeit, die jedoch erst lange Zeit später eintreten sollte.

Wenden wir uns jetzt wieder der grundlegenden Frage nach den Dinosauriern zu. Die Definition eines Dinosauriers ist einigermaßen prosaisch. Zu Beginn des 19. Jahrhunderts entdeckten Paläontologen einige riesige Fossilien, die sich mit keinen anderen Tetrapoden von damals vergleichen ließen, und gaben ihnen einen bedeutungsschwangeren Namen: Dinosaurier (aus dem Griechischen für »schreckliche Eidechsen«). Heutzutage definiert man sie über die Genealogie: Zu den Dinosauriern gehören die letzten gemeinsamen Vorfahren dieser zuerst gefundenen Ungeheuer und ihrer Abkommen. Glücklicherweise passt diese Definition ziemlich gut zu dem Bild, das man bei diesem Begriff vor Augen hat, doch wie sich noch zeigen wird, hat das eine überraschende Folge.

Wenn man an Dinosaurier denkt, stellt man sich meist riesige Kreaturen vor, bei denen selbst die Pflanzenfresser mehr als nur ein bisschen furchterregend sind. Das ist im Großen und Ganzen auch korrekt, selbst wenn die kleinsten bekannten Dinosaurier nur etwa 7 Kilogramm wogen und so groß waren wie ein Zwergschnauzer. Eine neuere Aufstellung der

Körpergrößen bei Wirbeltieren zeigte, dass bei den meisten Familien die Größe hin zu kleineren Körpern tendiert, mit einer lang und flach auslaufenden Verteilung auf größere Spezies – viele Nagetiere, aber nicht viele Elefanten. Bei Dinosauriern hingegen ist das anders – hier ging die Tendenz zu großen Körpern hin.

Wie einem jeder Achtjährige sagen kann, waren die meisten Dinosaurier wirklich riesig. Aber warum war das so? Warum unterschieden sich die Dinosaurier von anderen Tetrapoden, die die Erde im Laufe der Zeit besiedelt haben? Über die Antwort herrscht keine Einigkeit, aber der deutsche Paläontologe Martin Sander und seine Kollegen haben eine Hypothese aufgestellt, die mir logisch erscheint.

Die ersten Riesendinosaurier und überhaupt die größten Saurier aller Zeiten waren die Sauropoden, langhalsige Pflanzenfresser, deren größte Repräsentanten, die Titanosaurier, bis zu 37 Meter lang wurden und 70 bis 90 Tonnen wogen. Das wunderbare Exemplar, das im American Museum of Natural History in New York steht, ist geschickterweise so ausgestellt, dass sein Kopf in die Eingangshalle ragt und so seine Größe noch unterstreicht (siehe Abbildung 39). Sander und seine Kollegen weisen besonders auf diese langen Hälse hin.

Mit diesen Hälsen können die Sauropoden Futter erreichen, an das andere Pflanzenfresser nicht herankommen, und sie können mit minimalem Bewegungsaufwand auf großen Flächen grasen – je größer sie wurden, desto perfekter wurden sie darin, Nahrung zu sammeln. Die langen Hälse wurden ermöglicht, weil der Kopf relativ klein war – Köpfe wie den des Hadrosaurus oder Tyrannosaurus hätten diese Hälse nicht tragen können. Kleine Köpfe wiederum waren möglich, weil Sauropoden ihre Nahrung nicht kauten. Sie rupften und rissen einfach und schnell alles von den Zweigen und schluckten Blätter und Samen mehr oder weniger ganz hinunter.

Anders als Krokodile verfügten Dinosaurier über vogelartige Respirationssysteme, was einen effektiven Transport von Sauerstoff durch

Abb. 39 *Patagotitan mayorum*, ein riesiges Titanosaurierskelett, das im American Museum of Natural History ausgestellt ist. Von der Schnauze bis zum Schwanz misst das Skelett 37 Meter.

einen riesigen Körper ermöglichte und, was noch wichtiger ist, zu Wirbeln mit vielen Luftkammern führte, die das Gewicht des Halses verringerten. Außerdem verfügten die Sauropoden über hohe Stoffwechselraten, wodurch sie schnell wachsen konnten, was bei einer Spezies, deren ausgewachsene Exemplare bis zu 100 000 Mal größer sein konnten als frisch geschlüpfte Junge, auch notwendig war. Heute werden Tiere normalerweise als Warmblüter bezeichnet, wenn sie eine hohe Körpertemperatur durch die Verbrennung von Kalorien aufrechterhalten, oder als Kaltblüter, wenn sie ihre Körpertemperatur von ihrer Umgebung regulieren lassen. Warmblütige Säugetiere und Vögel verwenden eine Menge der bei der Nahrungsaufnahme gewonnenen Energie, um diese hohe innere Temperatur aufrechtzuerhalten. Auch wenn Dinosaurier keine Warmblüter in dem Sinn waren, wie wir es heute mit Vögeln und Säugetieren verbinden, konnten sie doch eine höhere Körpertemperatur auf eine Weise aufrechterhalten, die einen effizienten Stoffwechsel förderte, während sie weitere aufgenommene Nahrung ins Wachstum investierten. Der Schlüssel hierzu war, wenig überraschend, ihre Größe. Wenn ein Tier größer wird, steigt abhängig von seinem Volumen die Hitze, die es erzeugt (Würfel und Kantenlänge), während die Körperwärme abhängig von der Oberfläche abgeleitet wird (zweidimensionales Quadrat). Daher können die hohen Innentemperaturen bei der Größe, die die Dinosaurier erreichten, passiv erhalten bleiben. Diese Ansicht wird durch die chemische Analyse von Sauropodenknochen unterstützt, die andeuten, dass sie eine Körpertemperatur von etwa 36 bis 38 Grad Celsius hatten, wie viele heutige Säugetiere auch.

Für die Sauropoden stellte ihre Größe eine starke Verteidigung gegen Raubtiere dar (Elefanten fürchten sich selten vor Leoparden). Als Reaktion darauf wurden auch die Raubtiere größer, was innerhalb der Dinosaurier zu einer Art Wettrüsten führte. Dadurch nahmen die schrecklichen Eidechsen auf ökologischer und physiologischer Ebene die Vormachtstellung an Land ein. Es lebten zwar frühe Säugetiere in denselben Gemeinschaften wie Dinosaurier, doch sie konnten nicht so groß werden. Um zu überleben, gingen die meisten den Sauriern einfach aus dem Weg, indem sie nachtaktiv waren oder in Bäumen oder Höhlen lebten, wie es viele Säugetierspezies heute noch tun. Und wer Underdogs mag, der wird sich freuen, zu hören, dass zumindest einige der frühen Säugetiere Dinosauriereier fraßen.

Wir gehen gerne davon aus, dass Dinosaurier ausgestorben sind, aber wenn wir die zuvor genannte Definition anwenden, dann stimmt das nicht. Es gibt Dinosaurier in unseren Gärten – Finken, Waldsänger, Spatzen. Die Vorstellung, dass Vögel von den Dinosauriern abstammen, geht eineinhalb Jahrhunderte zurück auf T. H. Huxley, Darwins glühendsten Unterstützer. 1868 schrieb Huxley: »Der Weg von Reptilien zu Vögeln geht über die Dinosaurier … aus rudimentären vorderen Gliedmaßen wurden Flügel.« Huxley wies besonders auf die anatomischen Ähnlichkeiten zwischen Vogelskeletten und dem des *Coelophysis* hin, einem kleinen Dinosaurier, den man im Gestein des späten Trias und frühen Jura fand.

Wieder untermauerten Funde von Fossilien in einem Zwischenstadium die Hypothese. Sowohl 1855 als auch 1861 fand man in einem Kalksteinbruch in Bayern zwei bemerkenswerte Fossilien. Die *Archaeopteryx* getauften Fossilien zeigen einen Skelettaufbau, der den gleichzeitig existierenden kleinen Dinosauriern ähnelte, dessen vordere Gliedmaßen sich jedoch zu flügelartigen Dimensionen ausstreckten (siehe Abbildung 40). Der Schädel war so geformt wie ein Vogelschnabel, auch wenn die Kiefer noch Zähne enthielten. Erstaunlicherweise war der *Archaeopteryx* mit Federn bedeckt. (Das großartige Exemplar in Berlin ist im Museum für Naturkunde zu sehen und wird prominent hinter kugelsicherem Glas ausgestellt, wie die *Mona Lisa* im Louvre.) Wie der *Tiktaalik* beim Übergang vom Fisch zum Tetrapoden zeigt der *Archaeopteryx* sowohl, woher er im Sinne der Evolution kam, als auch, in welche Richtung er sich weiterentwickeln sollte. In den letzten Jahrzehnten wurde diese Dinosaurier-Vogel-Verbindung durch Dutzende neuer Funde aus den kreidezeitlichen Schichten in China unterstützt, die unter anderem zeigten, dass die Dinosaurier, die den Vögeln am nächsten standen, bereits Federn hatten. Durch erhaltene Pigmentmoleküle kann man bei den Vogelvorfahren sogar Farbmuster rekonstruieren. Während frühe Protovögel ihre Beute möglicherweise noch mit verlängerten vorderen Gliedmaßen gefangen haben, entwickelten sie später die Fähigkeit, zu gleiten und dann aktiv zu fliegen – die Anpassungen im Skelett und in der Muskulatur, die dazu notwendig waren, kann man in mehreren Fossilien aus China erkennen. Die Fähigkeit zu fliegen erschloss ihnen ein neues Reich – die Luft. Die Pterosaurier eroberten sie als Erste, und erst kürzlich wurde gezeigt, dass auch andere kleine Dinosaurier unabhängig von Vögeln Flügel entwickelten. Doch Vögel taten es am besten und beherrschten den Himmel (wo sich viel später die Fledermäuse zu ihnen gesellten), und was noch wichtiger war, sie überlebten eine neue Umweltkatastrophe vor mehr als 66 Millionen Jahren. Wenn Sie also das nächste Mal mit Ihrem Papagei sprechen, die Anmut von Adlern bewundern, ein Hähnchen grillen oder Krähen aus dem Garten scheuchen, sollten Sie den Vögeln den Respekt zollen, der ihnen gebührt – sie sind die Überlebenden des mächtigen Stammes der Dinosaurier.

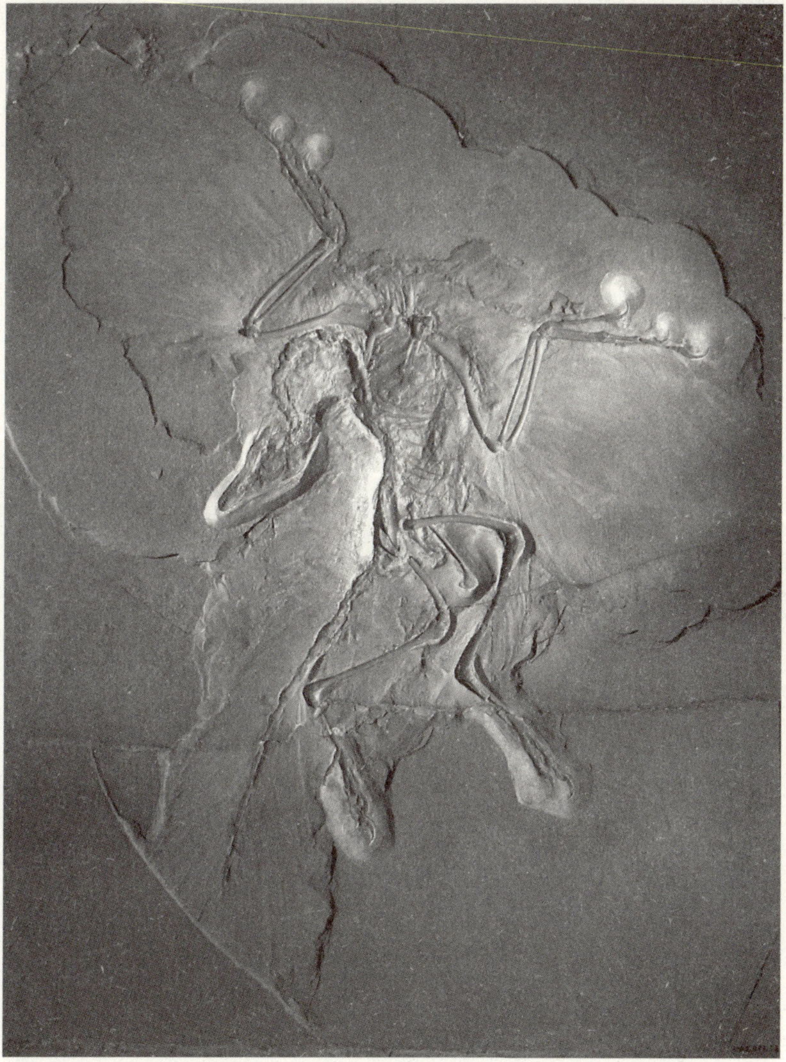

Abb. 40 *Archaeopteryx lithographica*, ein erstaunliches Fossil, das Dinosaurier mit Vögeln verbindet. Dies ist das Original, das im Museum für Naturkunde in Berlin steht.

7

Katastrophen

AUSSTERBEN ERNEUERT DAS LEBEN

In der Nähe der mittelalterlichen Stadt Gubbio in Italien befindet sich eine tiefe Schlucht in den Apenninen. Das Gestein darin mag einem oberflächlichen Betrachter langweilig vorkommen, denn es besteht nur aus Schichten und Schichten von feinkörnigem Kalkstein, der vor langer Zeit auf einem Meeresboden abgelagert wurde. Der Kalkstein steckt jedoch voller Fossilien. Es sind hauptsächlich die winzigen Kalziumkarbonatskelette von Protozoen wie Foraminiferen sowie mikroskopisch kleine Algen namens Coccolithophorida. Wegen ihrer geringen Größe sind diese Überreste an der Oberfläche nicht sichtbar. Doch wenn man genau hinsieht, findet man ein seltsames Merkmal. Über Hunderten von Metern Kalksteinschichten und unter vielen weiteren Schichten liegt eine etwa 1 Zentimeter breite Schicht Ton völlig ohne Kohlenstoffmineralien (siehe Abbildung 41). Wenn man den Kalkstein mit ins Labor nimmt, um die einzelnen Schichten unter dem Mikroskop zu untersuchen, stößt man auf ein weiteres Rätsel: Nur wenige der mikrofossilen Spezies aus den Schichten unter dem Ton finden sich in den Schichten darüber wieder.

Die Tonschicht von Gubbio markiert die Grenze zwischen der Kreidezeit und dem Paläogen, beziehungsweise zwischen der Ära des Mesozoikums und dem Känozoikum. Es ist eine Grenze in der Zeit vor 66 Millionen Jahren, vor der sich Flora und Fauna an Land und im Meer völlig von der danach unterschieden. Im Meergestein verschwinden die mikrofossilen Spezies, mit deren Hilfe man die Zeit des Mesozoikums rekonstruieren konnte, ganz plötzlich. Ammoniten und Verwandte der Tintenfische, die zu den zahl- und artenreichsten Fleischfressern in den mesozoischen Meeren gehörten, verschwanden ebenfalls en masse, ebenso wie Myriaden anderer Spezies. An Land taten die lange dominanten Dinosaurier ihre letzten Atemzüge. Und wie sich zeigt, geschah das alles genau zu der Zeit, die die Lehmschicht von Gubbio darstellt.

In den späten 1970er-Jahren reiste der Geologe Walter Alvarez nach Gubbio, um die magnetischen Eigenschaften der dicken Kalksteinschichten zu untersuchen, und dabei erregte die einzelne Lehmschicht seine Aufmerksamkeit. Wie viel Zeit stellte sie dar? Walter stellte die Frage seinem Vater, dem Physiker und Nobelpreisträger Luis Alvarez. Das sei ganz einfach, meinte Alvarez d. Ä. Es regne ständig winzige Mikrometeoriten auf die Erde herunter, und zwar mit einer bestimmten Rate. Diese himmlischen Boten enthielten Elemente wie Iridium, das auf der Erdoberfläche selten vorkommt. Wenn Walt also das Iridiumvorkommen in der Lehmschicht messen würde, könnte er die Zeit berechnen, die es gedauert hat, bis sie sich angesammelt hatte. Genau das tat Walter auch, gemeinsam mit den Chemikern Frank Asaro und Helen Michel, und berechnete aus dem hohen Iridiumgehalt, dass sich die Tonschicht im Laufe von Millionen von Jahren aufgebaut haben musste. Walter wusste, dass diese Antwort falsch sein musste – auf wundersame, spektakuläre und lehrreiche Art und Weise, wie sich zeigen sollte.

Wenn die Iridiumanreicherung im Ton nicht die langsame Ansammlung über einen langen Zeitraum hinweg anzeigt, dann wäre die Alternative, dass recht schnell viel Iridium abgelagert wurde, höchstwahrscheinlich durch den Einschlag eines großen Meteoriten. Alvarez und seine Kollegen berechneten die erforderliche Größe und kamen auf einen Durchmesser von ungefähr 11 Kilometern. Die Auswirkungen eines solchen Einschlags auf den Planeten wären katastrophal und könnten

Abb. 41 Die Kreidezeit-Paläogen-Grenze in Gubbio, Italien, wo Walter Alvarez die Theorie eines Massensterbens durch einen Meteoriteneinschlag aufstellte. Weißer Kalkstein unten rechts wurde gegen Ende der Kreidezeit abgelagert; dort finden sich Skelette winziger Foraminiferen und coccolithophorider Algen. Der rötliche Kalkstein oben links bildete sich zu Beginn des Paläogens. Dort gib es nur wenige Foram- und Coccolithophorida-Spezies. Getrennt werden sie durch ein schmales Band feinen Tons, genau über der weißen Zone. Dort werden von neugierigen Geologen gerne Proben entnommen.

Mechanismen in Gang gesetzt haben, die für die Auslöschung der Dinosaurier und aller anderen Pflanzen, Tiere und mikroskopischen Spezies sorgten, die nie das Licht des paläogenen Zeitalters erblickt haben.

Die Veröffentlichung der Theorien von Alvarez und seinem Team war 1980 eine Sensation, die gleichermaßen Anhänger wie Zweifler anzog. Die Diskussion lief mindestens ein Jahrzehnt lang, bis die sich mehrenden Daten die Waagschale in Alvarez' Richtung kippen ließen. (Ganz nebenbei: Als Walt Harvard in den späten 1980er-Jahren besuchte, wohnte er bei uns. Ich stellte ihn meiner damals vierjährigen Tochter Kirsten vor und sagte ihr: »Mr Alvarez interessiert sich für Dinosaurier.« Kirsten war sofort begeistert, daher ging ich noch einen Schritt weiter und fragte: »Gibt es denn heute noch Dinosaurier?« – »Nein, sei nicht albern«, erwiderte Kirsten, offensichtlich entrüstet über meine Ignoranz, »die hat ein Meteorit getötet.« Walt sprang vom Sofa auf und riss die Arme hoch wie ein Schiedsrichter beim Touchdown. Wenn Kinder seine Theorie akzeptierten, dann würden sich die Wissenschaftler ihm sicherlich anschließen.)

Über die Hypothese von Alvarez wurde – wie bei anderen wissenschaftlichen Fragen – nicht durch Abstimmung entschieden. Man stellte weitere Vermutungen über Merkmale an, die sich in den Gesteinsaufzeichnungen erhalten haben sollten, und überall auf der Welt machten sich Geologen auf die Suche danach. Die Iridiumanomalie zeigte sich im Grenzgestein auf der ganzen Welt, aber nicht in älteren oder jüngeren Schichten. Und bald darauf entdeckte man charakteristische Mineralien, sogenannten geschockten Quarz, in Gestein, das zur gleichen Zeit abgelagert worden war. Geschockter Quarz bildet sich nur unter vorübergehend hohen Temperaturen und hohem Druck, Bedingungen, die zum Einschlag eines großen Meteoriten passen. Und mit der Zeit entdeckte man auch sozusagen die Tatsache: einen etwa 200 Kilometer breiten Meteoritenkrater, der zur richtigen Zeit entstand und heute unter jüngeren Gesteinsschichten auf der Halbinsel Yucatán liegt. Fast 170 Millionen Jahre Dinosaurierentwicklung wurde zunichtegemacht.

Fragt man eine Paläontologin, welchen Beitrag Fossilien zu unserem Verständnis von Evolution beitragen, wird sie wahrscheinlich auf längst ausgestorbene Organismen wie Dinosaurier, Trilobiten und riesige Bärlapppflanzen hinweisen, die uns die biologischen Entwicklungsmöglichkeiten aufzeigten, bevor sie auf Massenausrottung und deren tiefgreifende Folgen für das Leben zu sprechen kommt. Doch so war es nicht immer. 1944 schrieb George Gaylord Simpson, der in der Paläontologie führende Vertreter der sogenannten neodarwinistischen Evolutionssynthese in der Mitte des 20. Jahrhunderts, ein sehr einflussreiches Buch, *Tempo and Mode in Evolution*. Darin beschrieb Simpson, dass die von den Fossilien definierten Evolutionsmuster die Populationsgenetik über einen langen Zeitraum hinweg widerspiegeln. Seine Argumente waren einfach und überzeugend – schließlich ging es der neodarwinistischen Synthese darum, zu zeigen, dass Populationsgenetik der Auslöser für die natürliche Selektion und damit für die evolutionären Veränderungen im Laufe der Zeit ist. Doch dadurch, dass er sich so stark auf die Populationsgenetik konzentriert, lässt Simpson eine wichtige Lektion aus der Geologie für die Evolution außer Acht. Die Erde ist keine passive Plattform, auf der sich dynamische Populationen entwickeln. Unser Planet ist ebenso dynamisch wie die Populationen, die er ernährt, und die Umweltumgebungen ändern sich permanent in einem Grad, der von lokalen und vorübergehenden bis zu globalen Transformationen reicht. Wenn eine Veränderung der Umgebung Flora und Fauna einem kurzen, scharfen Schock unterwirft, können Spezies und sogar ganze ökologische Strukturen zusammenbrechen. Die Populationsgenetik unterstützt mit Sicherheit den *Ursprung* der Arten, aber über die *Erhaltung* der Arten wird üblicherweise von der Umweltdynamik der Erde entschieden. Wie die vorausgegangenen Kapitel angedeutet haben und die Ereignisse zum Ende der Kreidezeit verdeutlichen, spiegeln nicht nur die Populationsgenetik, sondern in gleichem Maße auch Massenaussterben und Umweltveränderungen die biologische Vielfalt, die uns heute umgibt, wider. Im Känozoikum breiteten sich Säugetiere nicht nur aufgrund der

Populationsgenetik aus, sondern auch weil einige von ihnen die Katastrophe am Ende der Kreidezeit überlebten und die Dinosaurier nicht.

Die Alvarez-Hypothese trug wesentlich dazu bei, dass sich das paläontologische Denken auf ein Massenaussterben richtete, während ein anderes Projekt, das etwa zur gleichen Zeit ins Leben gerufen wurde, weitere Anstöße in diese Richtung gab. Als ich in den 1970er-Jahren Aufbaustudent war, begann mein Freund und Kommilitone Jack Sepkoski die fossile Vielfalt durch alle Zeiten tabellarisch zu ordnen. Er war nicht der Erste, der das versuchte, aber durch seine Hartnäckigkeit und seine Liebe zum Detail konnte er eine erstaunliche Datenbank des jeweils ersten und letzten Fundes von jeder Ordnung, Familie und letztendlich auch Gattung von Seetieren aus Fossilien zusammenstellen. (Von der Katalogisierung von Spezies ließ er die Finger, da er zu Recht davon ausging, dass auf dieser Ebene der Details die Funde von der Menge an Sediment und den Gewohnheiten der Sammler abhängig sein würden.) Jacks Daten zeigten, dass der Lauf der biologischen Diversifizierung nie geradlinig verlaufen ist. Im Kambrium und im Ordovizium kam es zu mehr Vielfalt unter den Tieren, doch das nahm am Ende des Ordoviziums ab. Dann stiegen die Zahlen wieder, nur um im späteren Devon erneut zu fallen. Dieser Kreislauf wiederholte sich noch drei Mal bis zum Ende der Kreidezeit. Insgesamt erlebten Flora und Fauna der Erde in den letzten 500 Millionen Jahren fünf große Massenaussterben, »The Big Five«, sowie ein halbes Dutzend kleinerer Vorfälle von Massensterben (siehe Abbildung 42).

Zunächst schien die Hypothese von Alvarez eine allgemeine Erklärung für das von Sepkoski aufgestellte Bild der fluktuierenden Vielfalt zu sein. Vielleicht verursachten große Meteoriten große Massensterben und kleinere Einschläge kleine Massensterben. Einfach, aber wie sich zeigt, falsch. Nur das Massenaussterben am Ende der Kreidezeit lässt sich verlässlich auf einen Meteoriteneinschlag zurückführen.

Das größte bekannte Massensterben geschah allerdings nicht am Ende der Kreidezeit, sondern vor 252 Millionen Jahren gegen Ende des

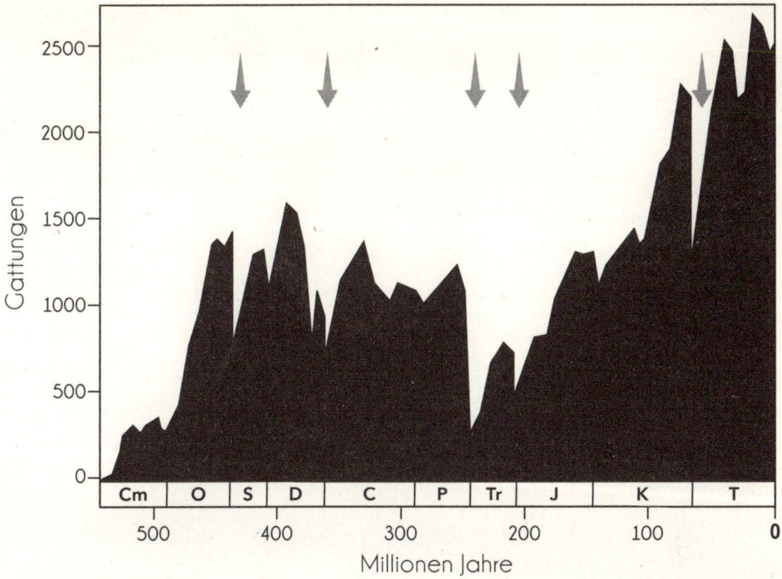

Abb. 42 Eine Aufstellung der Gattungsvielfalt von Meerestieren im Laufe der Zeit, sorgfältig erarbeitet von Jack Sepkoski. Pfeile deuten auf die fünf Augenblicke in den letzten 500 Millionen Jahren hin, als die Vielfalt plötzlich abnahm – die fünf großen Massensterben.

Perm-Zeitalters, als auf einmal 90 Prozent aller Meerestiergattungen verschwanden. (Es sieht vielleicht wie ein Zufall aus, dass diese beiden großen Ereignisse mit dem Übergang der Erdzeitalter innerhalb der Ära des Phanerozoikums stattfanden, aber das ist es natürlich nicht. Die Paläontologen des 19. Jahrhunderts stellten die geologische Zeitskala anhand von Fossilien auf und die deutlichen paläontologischen Veränderungen gegen Ende des Perms und der Kreidezeit hoben sich als natürliche Zeitpunkte zur Unterteilung der Erdgeschichte hervor.)

Die biologische Katastrophe am Ende des Perms zeigt sich deutlich im sichtbaren Gestein eines Berges in Meishan in China (siehe Abbildung 43). Der Ort ist leicht zu finden, denn die lokale Regierung richtete einen bunten Geopark ein, um die Geologie dort zu bewahren, auszustellen und zu erforschen. Doch ganz abgesehen von den menschlichen Ausschmückungen erzählt das Gestein von Meishan eine schaurige Geschichte. Im Kalkstein am Fuß des Berges wimmelt es von Fossilien der Meerestiere im späten Perm-Zeitalter: Brachiopoden, Bryozoen, Echinodermen, große Protisten mit Skelett und viele andere. Hätte man im späten Perm an der Küste schwimmen können, hätte man viele Tiere, Algen und Protozoen am flachen Meeresboden sehen können. Doch auf halbem Weg durch den Schnitt nach oben verschwinden diese Fossilien ganz einfach. Alle. An einer Stelle, die etwa so dick ist wie eine Messerklinge. Im jüngeren Gestein tauchen diese Fossilien nicht mehr auf. Stattdessen sehen wir weiter oben am Berg nur noch ein paar kleine Fossilien, hauptsächlich Muscheln und Schnecken.

Als ich die Felsen von Meishan zum ersten Mal sah, überkam mich ein unerwartetes Gefühl des Verlusts – ein Übermaß an Leben wurde mit einem Mal für alle Zeiten ausgelöscht. Was war geschehen? Den ersten Hinweis auf eine Antwort geben dünne Schichten vulkanischer Asche zwischen den Kalksteinschichten von Meishan. Diese Schichten liegen kurz über und unmittelbar unter der Auslöschungsschicht, und werden auf 251,941 ± 0,037 und 251,880 ± 0,031 Millionen Jahre datiert. Das genaue Alter ist wichtig, weil es mit der zeitlichen Einordnung eines überraschenden geologischen Ereignisses einen halben Kontinent weiter übereinstimmt, dem Sibirischen Trapp.

In der Fachsprache der Geologen bedeutet »Trapp« eine Ansammlung von Basalt oder anderem dunklem Vulkangestein, das oft in treppenartigen Schichten an der Oberfläche zutage liegt. Der Sibirische Trapp öst-

Abb. 43 Die Grenze zwischen Perm und Trias in Meishan, China. Die stark geschichteten Felsen unten rechts sind Kalksteinfelsen aus dem späten Perm, die reich an Fossilien sind. Gleich darüber wird das Gestein zu feinkörnigem Kalkstein mit nur sehr wenigen Fossilien. Zu der Zeit, die die Veränderung im Sedimentgestein anzeigt, wurden etwa 90 Prozent aller Meereslebewesen ausgelöscht.

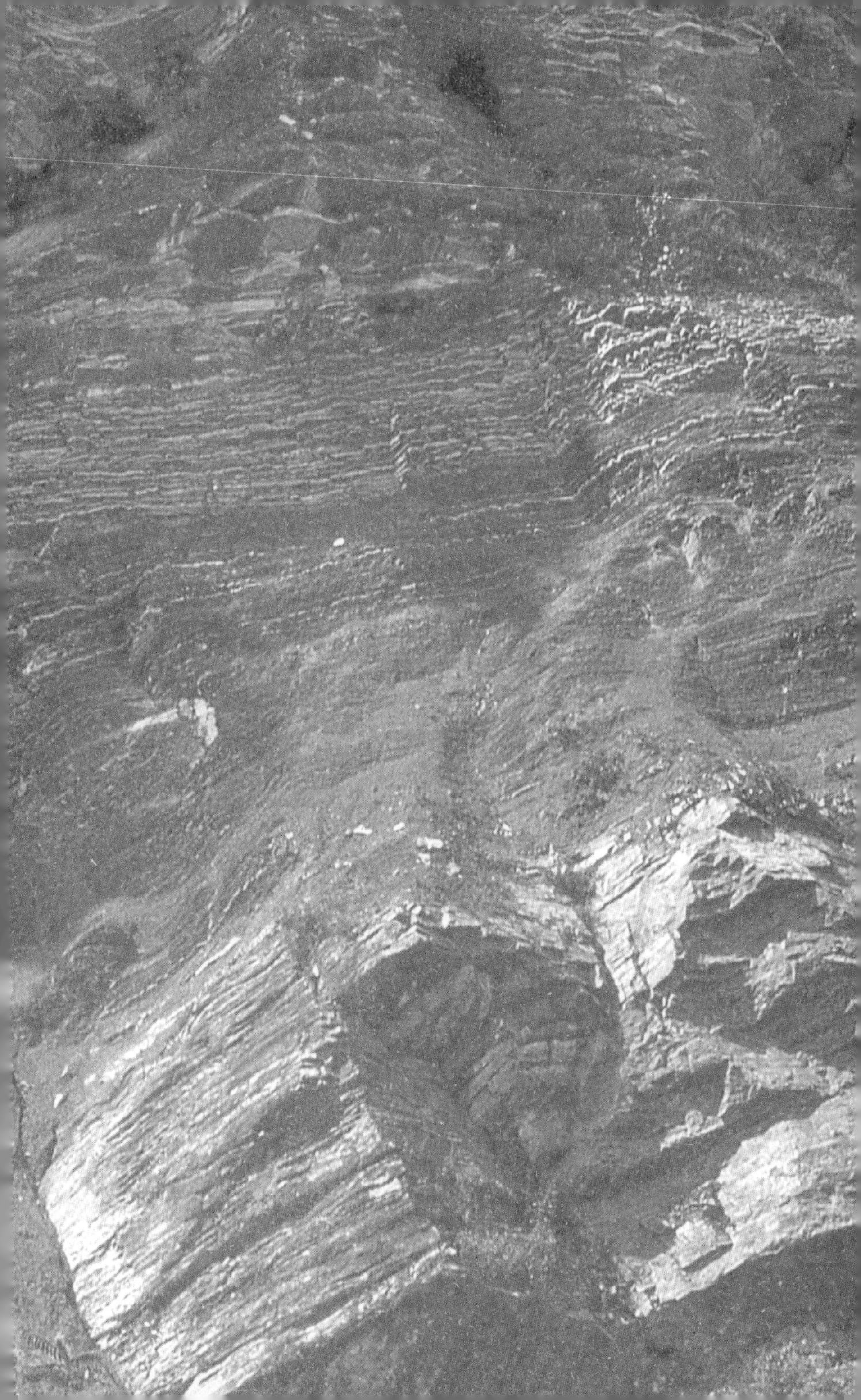

lich des Ural deutet auf einen ungeheuren Ausstoß von Basaltgestein hin, ähnlich wie der, der sich über Hawaii erstreckt. Vulkanausbrüche gibt es auch heute noch, doch beim Sibirischen Trapp lässt uns das schiere Ausmaß erstarren. Das erhaltene Gebiet an der Oberfläche erstreckt sich über sieben Millionen Quadratkilometer und entspricht somit ungefähr der Größe von Australien. Das Gestein ist größtenteils über 2,5 Kilometer dick und umfasst ein geschätztes Volumen von vier Millionen Kubikkilometern. Das ist eine Million Mal mehr als jede vulkanische Tätigkeit, die von uns Menschen oder unseren nahen Verwandten je beobachtet wurde. Sorgfältige radiometrische Datierung zeigt, dass die Eruption weitgehend zur gleichen Zeit stattfand wie die Auslöschungen, die sich in Meishan zeigen.

Wie verbindet man nun Vulkanausbrüche in Westasien mit der biologischen Katastrophe, die sich so deutlich in China zeigt, aber auch im Rest der Welt sichtbar ist? So groß er auch ist, so erstreckt sich der Sibirische Trapp doch nicht über die ganze Welt, ein globales Massensterben spiegelt folglich nicht einfach den Tod durch Lavaströme wider. Also muss man sich fragen, auf welche Weise massive Vulkanausbrüche die gesamte Umwelt des Planeten betroffen haben könnten. Wenn Vulkane Lava versprühen, so schießen sie auch große Mengen von Gas in die Atmosphäre, vor allem Kohlendioxid, eine geologische Komponente, deren Auswirkungen auf das Klima wir bereits gesehen haben. Gegen Ende des Perm-Zeitalters erhöhte sich der CO_2-Gehalt der Atmosphäre und der Ozeane durch die Vulkantätigkeit sehr schnell um ein Vielfaches.

Vor mehr als zwanzig Jahren interessierten sich mein Freund Richard Bambach und ich für das Massenaussterben am Ende des Perm-Zeitalters. Andere Paläontologen hatten die Berichte über das Massensterben bereits zuvor untersucht und sich bemüht, Muster in den geografischen, ökologischen oder taxonomischen Merkmalen sowohl der Opfer als auch der Überlebenden zu finden. Dick und ich konzentrierten uns hingegen auf die Physiologie, die biologische Schnittstelle zwischen Organismen und ihrer Umgebung. Dabei fragten wir uns besonders, welche Wirkung die massive Freisetzung von Kohlendioxid auf das Leben haben würde. Das war, bevor wir viel über die Vulkanausbrüche in Sibirien wussten, und ehrlich gesagt erwies sich unser Modell für das Aussterben als falsch. Dennoch waren die Resultate aufschlussreich. Monate in der Bibliothek lehrten uns, was die Physiologen in Jahrzehnten von Laborexperimenten herausgefunden hatten. In hoher Konzentration ist Kohlendioxid für sehr viele Organismen schädlich, da es ihre Umgebung und ihre Physiologie gleichermaßen beeinträchtigt. Doch nicht alle Spezies reagieren gleich darauf – manche sind relativ tolerant, während andere besonders empfindlich sind. Wir stellten eine Liste anatomischer und physiologischer Merkmale auf, die sich verlässlich aus den Fossilien ablesen lassen können, und nutzten diese, um die maritime Fauna des späten Perms in zwei Gruppen zu teilen, eine, die toleranter, und eine, die empfindlicher auf einen CO_2-Anstieg reagieren würde. Die tatsächlichen Aufzeichnungen des Massensterbens und der Überlebenden am Ende des Perms passen erstaunlich gut zu diesen Voraussagen. Damit wären Kohlendioxid und andere vulkanische Gase als Verbindung zwischen der wirklichen Begebenheit und der biologischen Katastrophe identifiziert.

Die Vulkanausbrüche des Sibirischen Trapps schickten große Mengen Kohlendioxid in die Atmosphäre, wodurch es aufgrund des Treibhauseffekts von CO_2 zu einer globalen Erwärmung kam. (Da der Sibirische Trapp sich über große Gebiete von Torf erstreckte, kann sich durch das erhitzte organische Material auch Methangas (CH_4) gebildet haben, was den Treibhauseffekt noch verstärkte.) Da bei höherer Temperatur weniger O_2 im Meerwasser aufgenommen werden kann, wurden auch die Meere immer sauerstoffärmer, besonders an den tieferen Stellen ohne direkten Kontakt mit der Atmosphäre. Die Zufuhr von CO_2 im Meerwasser erhöhte dessen pH-Wert – heute nennt man das »Übersäuerung der Meere«. Der deutsche Physiologe Hans Otto Pörtner, eine führende Kapazität, wenn es darum geht, die biologischen Konsequenzen der globalen Veränderungen im 21. Jahrhundert zu verstehen, nennt Erderwärmung, Übersäuerung der Meere und Sauerstoffabbau »das tödliche Trio«. Jeder der drei Faktoren für sich ist in der Lage, Flora und Fauna zu zerstören, aber im System der Erde existieren alle drei und ihre Auswirkungen sind synergetisch – jeder Faktor verstärkt die Auswirkungen der anderen. Hyperkapnie, die direkte physiologische Folge erhöhten Kohlendioxids, spielte ebenfalls eine Rolle. Proteine, die O_2 durch den Körper transportieren, können sich bei hohem Kohlendioxidgehalt zum Beispiel mit CO_2 verbinden und so den Sauerstoffwechsel beeinträchtigen.

Die verketteten Auswirkungen von CO_2 auf Umwelt und Physiologie müssten bei Tieren mit einem massiven carbonhaltigen Skelett am stärksten sein, aber relativ wenig physiologische Kapazität haben, die Flüssigkeiten zu verändern, aus denen diese Skelette ausgesondert werden – Korallen zum Beispiel. Dagegen sollten Tiere mit hoher Stoffwechselrate – was täglich zu höheren inneren CO_2-Werten führt – toleranter sein, ebenso wie Tiere mit Kiemen und Lungen zum Gasaustausch und einem gut entwickelten Kreislaufsystem. Wenn man davon ausgeht, könnte man annehmen, dass Weichtiere, Fische und Arthropoden sich als relativ robust erweisen würden. Als die Vulkanausbrüche am Ende des Perms wüteten, war die Biologie in den Meeren tatsächlich stark betroffen. Alle paläozoischen Korallen verschwanden – die Korallen in den heutigen Meeren spiegeln die Evolution bei Skeletten von Seeanemonen, die das Massensterben überlebt hatten, im späteren Trias wider. Brachiopoden, die physiologischen Stubenhocker, die zu den am weitesten verbreiteten und vielfältigsten Tieren auf den Meeresböden des Perms gehörten, verloren fast ihre gesamte Vielfalt. Schnecken und Muscheln hingegen überlebten relativ gut. In Übereinstimmung mit der physiologischen Vorhersage gab es bei den Fischen relativ wenig ausgestorbene Arten, und Krustentiere, die sich heute als Krabben, Krebse und Hummer auf unseren Tellern wiederfinden, vergrößerten ihre Vielfalt zwischen dem Zeitalter des Perms und dem des Trias sogar noch.

An Land spürten die meisten Tiere und Pflanzen die Auswirkungen der globalen Veränderungen, doch entweder waren die Populationen an Land nicht von der Übersäuerung der Meere oder dem Sauerstoffverlust betroffen, und vielleicht weil sich terrestrische Spezies besser an Temperaturschwankungen anpassen können, scheinen die langfristigen Auswirkungen an Land bescheidener gewesen zu sein als im Meer. Insgesamt jedoch brachen die ökologischen Muster und die Vielfalt, die die Meere der Erde für über zweihundert Jahre geprägt hatte, zusammen, und das nicht aufgrund außerirdischer Einflüsse, sondern weil in Sibirien mit Macht heißes Magma aus dem Mantel hervorbrach. Im Trias kehrte die Vielfalt zurück, doch jetzt mit anderen Stämmen, die für eine bestimmte Ökologie wichtig waren. Mit dem Massenaussterben endete die Ära des Paläozäns und das Mesozoikum begann, so wie die Katastrophe am Ende der Kreidezeit auch das Ende des Mesozoikums markierte und unsere känozoische Welt einläutete.

Trotz der apokalyptischen Dimension stellt der Sibirische Trapp keinen geologischen Einzelfall dar. Ausgelöst durch konzentrierte Hitze aus dem Mantel, haben sich im Laufe der letzten 300 Millionen Jahre elf Mal große Lavaströme über die Landschaft oder den Meeresboden ergossen, was zumindest ein weiteres Massenaussterben und mehrere kleinere Ereignisse erklärt. Nach dem Massenaussterben am Ende des Perm-Zeitalters vervielfältigte sich das Leben im Meer im Trias-Zeitalter (vor 252 bis 201 Millionen Jahren) wieder und schuf im Laufe mehrerer Millionen Jahre neue erkennbare Ökosysteme. Doch das Zeitalter des Trias endete so, wie es begonnen hatte, mit riesigen Lavaströmen, die von Fingal's Cave an der Westküste Schottlands und den Palisades von New York zu den schwarzen Klippen im Atlasgebirge von Marokko und unter dem Gebiet des heutigen Amazonas-Regenwaldes zu beobachten sind. Wieder fiel die biologische Vielfalt in sich zusammen. Die Selektion am Ende des Trias bezüglich Aussterben und Überleben in den Meeren ähnelt der des

Perms, wo die Riffe besonders schwer getroffen wurden. Etwa 40 Prozent aller Gattungen und 70 Prozent aller Spezies verschwanden aus den Meeren, zwar deutlich weniger als am Ende des Perms, aber dennoch dramatisch. An Land verringerten die Vulkanausbrüche und frühere Klimaveränderungen die Diversifizierung von Wirbeltieren in der Zeit des Trias. Wie im vorausgehenden Kapitel bemerkt, wurden diverse Krokodile, die in den Landschaften des späten Trias dominante Erscheinungen waren, ausgelöscht, während Dinosaurier und die Vorfahren der Säugetiere überlebten und später für Groß und Klein in den späten mesozoischen Ökosystemen sorgten.

Die spätmesozoischen geologischen Aufzeichnungen dokumentieren mehrere weitere Zeitpunkte, zu denen größere Teile der Tiefsee für Tausende von Jahren unter Sauerstoffmangel litten. Zumindest zwei dieser Ereignisse stimmen zeitlich mit sowohl starker Vulkantätigkeit als auch höherem Massenaussterben überein, eines vor 183 Millionen Jahren und ein zweites vor 94 Millionen Jahren. Während dieser beiden »kleineren« Massenaussterben gingen ungefähr 15 bis 20 Prozent aller Meeresgattungen zugrunde. Auch am Ende der Kreidezeit kam es zu stärkeren Vulkanausbrüchen. Manche Wissenschaftler glauben, dass die Vulkantätigkeit des indischen Dekkan-Trapps den Verlauf des Massenaussterbens am Ende der Kreidezeit beeinflusste, indem sie entweder durch die Umwälzungen der Umwelt den Auswirkungen des Einschlags den Boden bereitete oder indem sie diese durch den Ausstoß großer Mengen von Gas in die Luft noch verstärkte. Einige radiometrische Messungen der Lava sprechen für die erste, andere für die zweite Ansicht. Zum Glück kann ein massiver Vulkanausbruch im Sediment einen chemischen Fingerabdruck hinterlassen, und der zeigt, dass die Vulkantätigkeit des Dekkan vor dem Massenaussterben begann. Doch unabhängig vom geologischen Kontext haben die Fossilien das letzte Wort über die Ursache gesprochen. Die Muster von Aussterben und Überleben am Ende der Kreidezeit haben wenig Ähnlichkeit mit denen, die man zuverlässig mit massiver vulkanischer Aktivität verbinden kann, was die Bedeutung des Meteoriteneinschlags für das Ende der mesozoischen Welt unterstreicht.

Unsere beiden letzten Massenaussterben, beide aus der paläozoischen Ära, unterscheiden sich sowohl in ihrer Ursache als auch in ihren Auswirkungen. In Kapitel 5 haben wir erfahren, dass die Diversifikationen des Kambriums und des Ordoviziums zu unterschiedlichen Ökosystemen in den Meeren führten. Diese Vielfalt brach jedoch vor 445 Millionen Jahren gegen Ende des ordovizischen Zeitalters zusammen. Das Massenaussterben fällt mit einer relativ kurzen (zwei Millionen Jahre), aber heftigen Eiszeit zusammen, die ihr Zentrum in der südlichen Hemisphäre hatte. Ungefähr die Hälfte aller Tiergattungen im Meer ging verloren, doch die Ökosysteme blieben weitgehend unbeschadet. Als die Welt sich erholt hatte, sahen die Gemeinschaften auf dem Meeresboden ganz ähnlich aus wie vor dem Massensterben. Das Leben im Wasser darüber war stärker betroffen; vor allem die Vielfalt der Trilobiten und frühen Wirbeltiere ging stark zurück.

Es ist ein wenig verwunderlich, dass das Massenaussterben am Ende des Ordoviziums mit einer großen Eiszeit einhergeht, da die Erde mindestens 2,6 Millionen Jahre lang in einer Eiszeit feststeckte (Kapitel 8), bei der sich zumindest im Meer nur ein geringes Massensterben bemerkbar machte. Warum war es am Ende des Ordoviziums dann anders? Ein Unterschied betrifft die Meeresspiegel. Das Wasser der Gletscher kommt hauptsächlich aus den Meeren; wenn sich also das Eis ausbreitet, sinkt der Meeresspiegel – im Falle der letzten Eiszeit ungefähr 130 Meter und ganz ähnlich auch am Ende des Ordoviziums. Wenn der Meeresspiegel von Beginn an niedrig ist, wie es bei der letzten Eiszeit der Fall war, dann ist der daraus resultierende Verlust an bewohnbarem Meeresboden relativ bescheiden. Wenn der Meeresspiegel allerdings hoch ist, wenn sich die großen Gletscher auszudehnen beginnen und ein großer Teil des tief liegenden Landes von flachen Meeren bedeckt ist, dann wird der sinkende Meeresspiegel diese flachen Meere trockenlegen und einen großen Teil des Meeresbodens samt seiner Einwohner vernichten. Und genau das geschah im Ordovizium.

Ein weiterer Faktor ist die Geografie. Bei Klimaveränderungen können Populationen in geeignetere Umgebungen ausweichen, wenn es die entsprechenden Wege dahin gibt. Als sich vor 2,6 Millionen Jahren das Eis auszudehnen begann, konnten sich Pflanzenspezies aus dem östlichen Nordamerika näher am Golf von Mexiko ansiedeln und so überleben. Im Gegensatz dazu starben viele Pflanzen aus dem nördlichen Europa aus, weil ihnen die Alpen im Weg standen. In den flachen Meeren war das Aussterben dort am größten, wo es wenig Migrationswege gab – zum Beispiel in Florida, wo das tiefe Meer die Migration in wärmere Gefilde verhinderte. (Man kann sich fragen, wohin sich die Eisbären zurückziehen können, wenn sich die Erde erwärmt.) Auch die Gebirge am Äquator und tiefe Meere können die Migration am Ende des Ordoviziums behindert haben. Weder die Beschränkungen der Migration noch die weitreichende Zerstörung von Lebensraum sollte das Muster des Artenverlustes ähnlich beeinflussen wie das bei der Katastrophe am Ende des Perm-Zeitalters, was uns vielleicht hilft, zu verstehen, warum trotz großen Artenverlusts die ökologischen Muster das Massenaussterben am Ende des Ordoviziums weitgehend überstanden.

Das unerklärlichste Ereignis von Sepkoskis »Big Five« ereignete sich in der späten devonischen Periode, als die Vielfalt über einen verlängerten Zeitraum (393 bis 359 Millionen Jahre) zurückging. Zuerst verschwanden Brachiopoden und andere Organismen vom Meeresboden, dann die Riffbauer und schließlich frühe Cephalopoden, die frei im Wasser schwammen. Merkwürdigerweise ist der Rückgang der Vielfalt im Devon ebenso niedrigen Entstehungsraten wie dem Aussterben von Gattungen geschuldet, was Dick Bambach und mich dazu veranlasste, dieses Ereignis als »Massenverarmung« zu bezeichnen anstatt als Massensterben. Dass der Rückgang an Vielfalt mit der Rate der Neuentstehungen in Beziehung steht, wurde in mehreren Studien festgestellt, doch warum das so ist, bleibt ein noch zu erforschendes Thema.

Können wir die außerordentlichen und wiederholten Verzeichnisse von Massenaussterben auf der Erde irgendwie generalisieren? Eine gemeinsame Ursache ist es jedenfalls nicht – verschiedene Ereignisse können auf Meteoriten, Eiszeiten und starke vulkanische Aktivitäten zurückgeführt werden. Auch die ökologischen Auswirkungen lassen sich nicht verallgemeinern – Massensterben konnte zu unterschiedlichen ökologischen Ergebnissen führen, wobei die Veränderungen im Ökosystem die Stärke des Verlusts an Spezies nicht direkt widerspiegeln. Was die Ereignisse gemeinsam haben, ist, dass die Umwälzungen in der Umwelt schnell geschahen, die Geschwindigkeit der Veränderungen war ebenso wichtig wie die Magnitude. Verändert sich die Umwelt langsam, können sich die Populationen an die Umstände anpassen, doch wenn es sich schnell vollzieht, ist das vielleicht nicht möglich, sodass nur Migration oder Aussterben übrig bleibt. Massenaussterben zeigt vorübergehende, aber tiefgreifende Veränderungen der Umwelt, die von Mechanismen im Inneren der Erde oder irgendwo in unserer kosmischen Nachbarschaft ausgelöst werden. Während der Zeitraum des Massenaussterbens kurz ist, dauert der Wiederaufbau der Vielfalt wesentlich länger – Fossilien zeigen uns, dass es Hunderttausende oder sogar Millionen von Jahren dauern kann.

Massenaussterben hat in der Evolutionsgeschichte sicherlich eine große Rolle gespielt. Die heutige Welt ist voller Säugetiere, hauptsächlich weil die Dinosaurier ausgestorben sind. Die Fische im offenen Meer entwickelten sich erst, nachdem das Massensterben am Ende der Kreidezeit die Ammoniten ausgelöscht hatte. Die Riffe heute enthalten Korallen, Weichtiere und Krebse nicht, weil sie gegen die älteren Korallen, Brachiopoden und Trilobiten alter Korallensysteme gewonnen haben, sondern weil Massensterben diese Gruppen dezimiert hatten. Wenn man durch einen Regenwald wandert oder über einem Korallenriff schnorchelt, sollte man sich vor Augen halten, dass man die Überlebenden des wiederholten Massensterbens auf der Erde betrachtet.

Könnte es erneut geschehen? Große Meteoriten und starke Vulkanaktivitäten sind selten, aber es gibt keinen Grund zur Annahme, dass sich das nicht wiederholen kann. 43 vor Christus hatte der Ausbruch eines Vulkans in Alaska strenge Winter und Ernteausfälle in Europa zur Folge, was letztendlich zum Fall des Römischen Reiches führte. Erst 1815, als der Mount Tambora in Indonesien ausbrach und Tausende Menschen vor Ort tötete, gab es bis Neuengland ein »Jahr ohne Sommer«. Und dann ist da noch Pompeji. Neapel selbst steht auf den Trümmern eines Ausbruchs vor fast 4000 Jahren. Große Meteoriteneinschläge sind deutlich seltener, aber das Tunguska-Ereignis, eine Explosion, die 1908 ungefähr 80 Millionen Bäume in einem (glücklicherweise) dünn besiedelten Gebiet in Sibirien fällte, wird der Druckwelle eines herabfallenden Kometen oder Meteoriten zugeschrieben.

Zum Glück sind Vulkanausbrüche und Meteoriteneinschläge in einem Größenmaß, dass sie weltweite Zerstörungen anrichten können, so selten in einem Zeitraum von Millionen von Jahren, dass man sich darüber kaum Sorgen machen muss. Weit besorgniserregender ist, was man sieht, wenn man auf die Straße geht – eine menschliche Bevölkerung, die in der Lage ist, die Erde und das Leben innerhalb von einer oder zwei Lebensspannen grundlegend zu verändern.

8
Der Mensch
EINE SPEZIES VERÄNDERT DIE ERDE

ALS VOR UNGEFÄHR 66 Millionen Jahren die letzten Feuer der Katastrophe am Ende der Kreidezeit verloschen, begann für unseren Planeten ein neues Kapitel. Fast sofort begannen sich die Pflanzen und Tiere, die überlebt hatten, zu verändern, und innerhalb von wenigen Hunderttausend Jahren bildeten sich neue, widerstandsfähige Ökosysteme an Land. Infolge des relativ hohen Kohlendioxidgehalts wurde es während der nächsten 15 Millionen Jahre durch den Treibhauseffekt auf der sowieso schon milden Erde noch wärmer. In Alaska gediehen Palmen, während sich Alligatoren durch die kanadische Arktis schlängelten. Ohne die Dinosaurier entwickelten sich die Säugetiere in neue Richtungen und wurden zu den dominierenden Spezies der Lebensgesellschaften an Land. Besonders interessant in dieser Hinsicht waren winzige makiartige Wesen, die in tropischen Bäumen lebten und sich wahrscheinlich von Insekten ernährten – die ersten Primaten, unsere Vorfahren.

Im Känozoikum/Neozoikum veränderten sich Leben und Umgebung stetig. Die Kontinente setzten die globale Diaspora fort, mit der sie begonnen hatten, als der Superkontinent Pangäa auseinanderbrach. Der Atlantik verbreiterte sich dramatisch, die Rocky Mountains, die Alpen und der Himalaya erhoben sich majestätisch. Die aufsteigenden Gebirge erhöhten die Verwitterungsraten und holten das Kohlendioxid aus der Atmosphäre, während die treibenden Platten die Zirkulation des Meerwassers neu ausrichteten. Als Resultat begann sich die Erde abzukühlen. Palmen, Alligatoren und andere wärmeliebende Spezies zogen sich aus den höheren Breitengraden zurück und im Inneren der Kontinente ersetzten Grasebenen die Wälder. Vor 35 Millionen Jahren begannen sich die Gletscher über die Antarktis auszudehnen.

Inmitten dieser dramatischen Veränderungen breiteten sich die Primaten aus und sorgten für eine Vielfalt an Lemuren, Makis, Affen und unserem eigenen Zweig der Primaten, den Großaffen. Nehmen wir den Faden vor sechs bis sieben Millionen Jahren wieder auf, als die globale Abkühlung die Erde wieder in eine neue Eiszeit führte. In Afrika wurden die Wälder, als das Innere des Kontinents auszutrocknen begann, zunehmend durch offene Steppen und Grasland ersetzt. Diese Veränderung des Lebensraums begünstigte einen Zweig von Großaffen, der sich anders entwickelte, als seine nächsten Verwandten und heute von Schimpansen und Bonobos repräsentiert wird. Diese Hominini waren neue schimpansenähnliche Affen: klein, mit kleinem Gehirn, vorstehendem Maul und langen Armen mit verlängerten, biegsamen Fingern, die das Fortkommen in den Baumwipfeln erleichterten. Doch die Hominini unterschieden sich in einer bedeutsamen Hinsicht von anderen Großaffen: Sie konnten aufrecht gehen.

Unter den Großaffen sind es nur die Menschen, die aufrecht gehen. Haltung und Fortbewegungsart wurden durch eine Reihe anatomischer Anpassungen gefördert, wie einem gewölbten unteren Rückgrat, das den Oberkörper stützen kann, einem anders angeordneten Becken, um Platz für die zum Gehen benötigten Muskeln zu schaffen, einem vertikal ausgerichteten Hals, der den Kopf oben auf dem Körper thronen lässt, und einem gewölbten Fuß mit hervorstehender Ferse. Diese Merkmale kann man bei sich selbst finden und in gewissem Maße auch schon bei den frühesten Hominini. Diese Vorfahren kennt man durch Skelettfragmente in sechs bis sieben Millionen Jahre altem Gestein, doch die meisten Aufschlüsse erhielt man durch den Fund eines gut erhaltenen Skeletts einer jungen Frau in 4,4 Millionen Jahre altem Gestein in Äthiopien. *Ardipithecus ramidus*, oder kurz Ardi, zeigt viele Merkmale des gemeinsamen Vorfahren von Menschen und Schimpansen: Sie war eine geschickte Kletterin und in den Bäumen zu Hause. Doch Ardi suchte auch in der offenen Savanne nach Früchten und anderer Nahrung. Wie Charles Darwin vor mehr als einem Jahrhundert als Erster bemerkte, machte die Fortbewegung auf zwei Beinen die Hände für andere Funktionen frei, mit der Zeit unter anderem für die Herstellung und den Gebrauch von Werkzeugen. Der aufrechte Gang brachte also Ardi und ihre Verwandten auf den Weg zu uns (siehe Abbildung 44).

Kurz nach Ardis Zeit tauchte eine neue Gruppe von Hominini auf. Man nennt sie Australopithecus, und sie ähnelten den frühesten Hominini, stehen den Menschen durch wesentliche Unterschiede in der Evolutionslinie allerdings näher. Die wahre Vielfalt der Australopithecinen kennen wir nicht, doch sind bislang etwa ein Dutzend Spezies bekannt, die alle aus Afrika stammen. Knochenfunde kommen relativ häufig vor, doch auch hier wirft ein einzelnes Skelett mehr Licht auf die ganze Gruppe.

Lucy ist wahrscheinlich die berühmteste aller vormenschlichen Hominini. Sie wurde in 3,2 Millionen Jahre altem Gestein in Äthiopien entdeckt und nach dem Song »Lucy in the Sky with Diamonds« von den Beatles, der damals gerade sehr populär war, benannt. Sie war etwa so groß wie die Schimpansen und Ardi, hatte aber ein deutlich größeres Gehirn. Sie schwang sich immer noch elegant durch die Bäume, doch ihre breiten Hüften, gewölbten Fußknochen und der kurze große Zeh lassen vermuten, dass Lucy besser aufrecht gehen konnte als frühere Hominini. Auch Lucys Zähne sind sehr ausgeprägt: Große Backenzähne erleichtern längeres Kauen. Paläanthropologen gehen davon aus, dass Lucy und ihre Verwandten weniger Früchte aßen als Schimpansen und frühere Hominini, und dass sie mehr harte Wurzeln, Samen, Blätter und Stängel aus dem offenen Steppengebiet suchten.

Zwei weitere Hinweise werfen Licht auf die Biologie des Australopithecus. 1976 fand Mary Leakey eine Reihe von Fußabdrücken in fast 3,7 Millionen Jahre altem Gestein in Tansania. Auf ihrem Weg über vulkanische Asche hinterließen ein Mann, eine Frau und ein Kind eine fast 27 Meter lange Spur, die später von weiterer Asche überlagert wurde. Aus den Fußspuren, die man im Boden hinterlässt, können Biologen eine Menge über den Gang ablesen, und die Spuren von Tansania zeig-

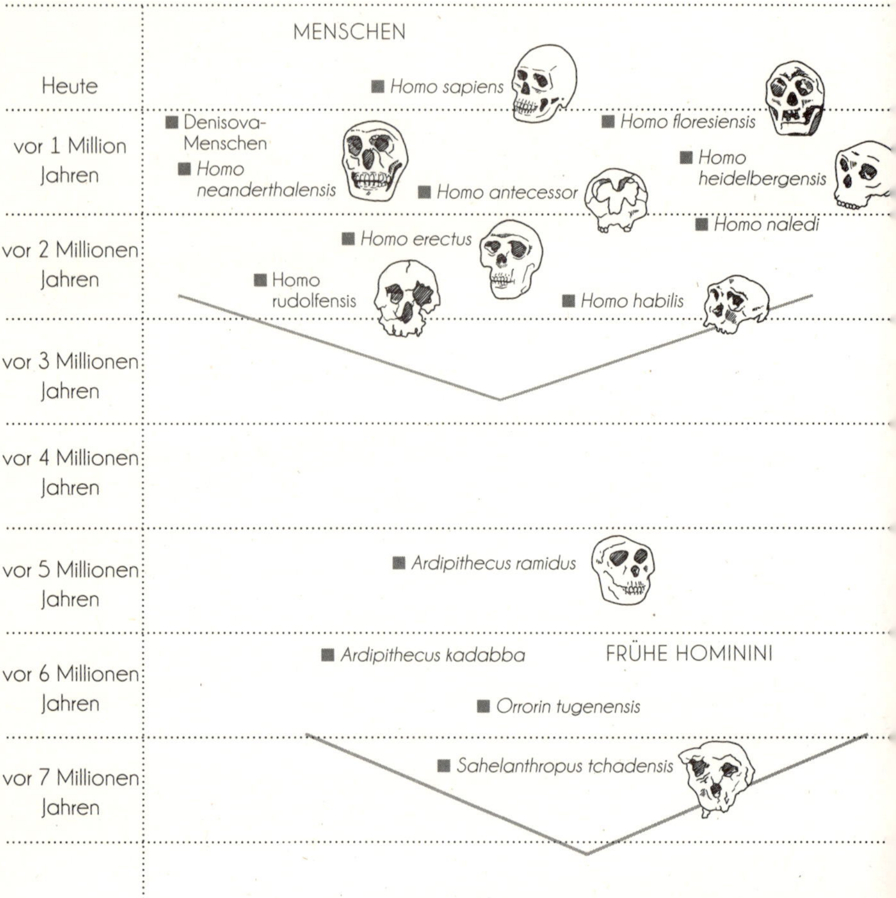

MENSCHEN
Heute
Homo sapiens
vor 1 Million Jahren
Denisova-Menschen
Homo neanderthalensis
Homo floresiensis
Homo heidelbergensis
Homo antecessor
Homo naledi
vor 2 Millionen Jahren
Homo erectus
Homo rudolfensis
Homo habilis
vor 3 Millionen Jahren
vor 4 Millionen Jahren
vor 5 Millionen Jahren
Ardipithecus ramidus
vor 6 Millionen Jahren
Ardipithecus kadabba
FRÜHE HOMININI
Orrorin tugenensis
vor 7 Millionen Jahren
Sahelanthropus tchadensis

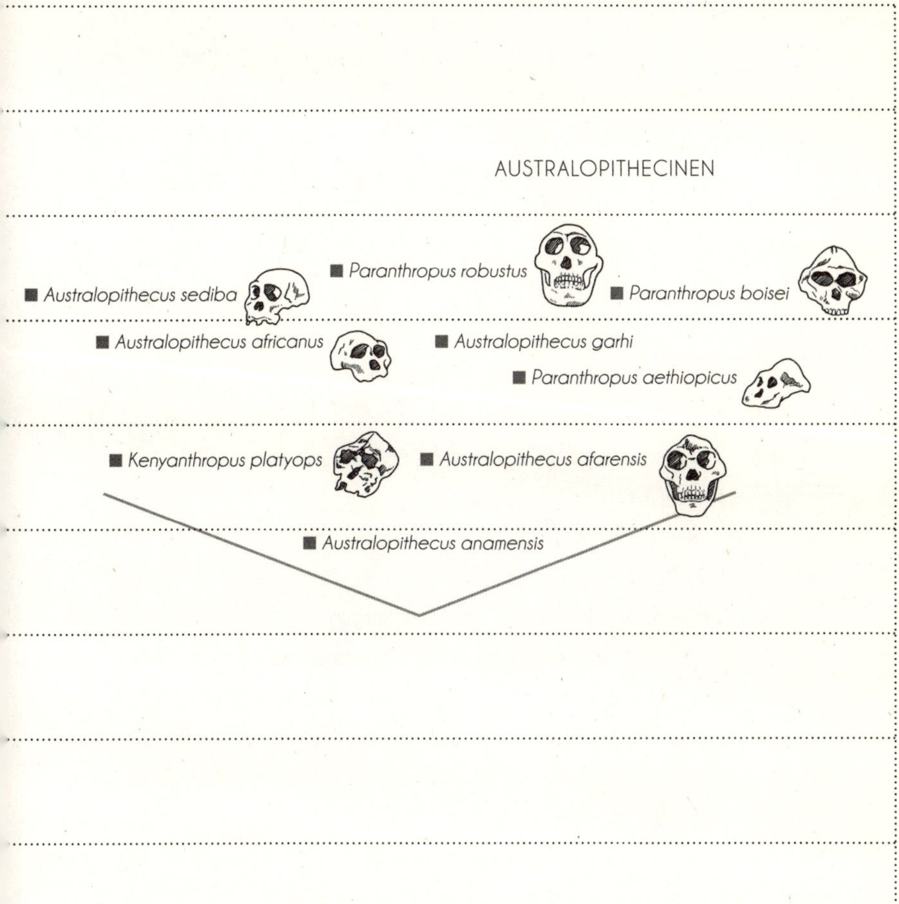

Abb. 44 Die Vielfalt der Hominini im Laufe der letzten sieben Millionen Jahre. Menschen sind die einzigen Überlebenden einer einst vielfältigen Gruppe.

ten, dass die Australopithecinen geschickte Läufer waren, die mehr Zeit auf dem Boden als in den Bäumen verbrachten.

Der zweite Hinweis ist ebenso bemerkenswert: 3,3 Millionen Jahre altes Gestein in Kenia hat die ältesten bekannten Werkzeuge bewahrt und zeigt, dass Australopithecinen (welche genau, wissen wir nicht), Werkzeuge herstellten, indem sie scharfe Stücke von großen harten Steinen abschlugen. 1949 schrieb der britische Anthropologe Kenneth Oakley ein einflussreiches Buch, *Man the Toolmaker*. Der Gebrauch von verfügbaren Objekten als einfache Werkzeuge ist auch von anderen Spezies bekannt, doch Menschen sind mit ihrer Fähigkeit, Werkzeuge für verschiedene Zwecke zu entwerfen und zu bauen, einzigartig. Die Werkzeuge aus Kenia zeigen also, so einfach sie auch sind, dass der Weg der Evolution, der zu Autos, Computern und Frisbees führen sollte, lange vor dem Entstehen unserer eigenen Spezies begann.

Homo sapiens – wir – ist die einzig existierende Spezies der Gattung *Homo* und überhaupt der einzig existierende Hominine (siehe Abbildung 44). Anhand von Fossilien konnte man 13 weitere Spezies erkennen, von denen elf formell benannt wurden, die jedoch alle ausgestorben sind. Fängt man etwas früher als vor zwei Millionen Jahren an, dann verbreiteten sich unsere engsten Vorfahren in Afrika, so wie ihre homininen Vorgänger auch. Am bekanntesten davon ist *Homo erectus*, gefunden in Gestein mit einem Alter von 1,9 Millionen bis etwa 250 000 Jahren. Neben der guten Erhaltung durch die vielen Einzelfunde ist *H. erectus* aus zwei Gründen interessant. Zum einen steht er anatomisch zwischen den Australopithecinen und dem modernen Menschen, mit einem menschenähnlicheren Skelett und einem Gehirn, das größer ist als Lucys, aber kleiner als unseres. Und anders als alle früheren Hominini lebte der *H. erectus* nicht nur in Afrika, sondern auch in Eurasien. Zu dieser Zeit lebten unsere Vorfahren ausschließlich auf dem Boden und ernährten sich von dem Jagen und dem Sammeln von Nahrung. Schnittspuren in Tierknochen zeigen, dass sie ihre

Beute schlachteten, was eine wichtige neue Nahrungsquelle darstellte, als die Erde sich einer weiteren Eiszeit näherte. Sehr wahrscheinlich teilten diese Vorfahren ihre Beute, so wie es Jäger und Sammler heute tun, und sorgten so für den sozialen Zusammenhalt in der Gruppe.

Die ältesten Fossilien, die man dem *Homo sapiens* zuordnet, stammen aus 300 000 Jahre altem Gestein aus Marokko. Diese Fossilien sind nur wenig jünger als die Hinweise auf eine neue und komplexere Kultur, die Werkzeuge herstellte und (kontrolliert) Feuer nutzte. Unsere Spezies ging also mit neuen Technologien einher. Es mag überraschen, aber unsere Spezies teilte sich die eiszeitliche Erde mit mindestens drei anderen *Homo*-Spezies. Am besten bekannt sind die Neandertaler, oft als primitiv dargestellt, doch tatsächlich waren sie geschickte Jäger und Sammler mit unterschiedlichen Werkzeugen und einem größeren Gehirn als dem unseren. Am anderen Ende des Spektrums steht der *Homo floresiensis*, ein kleinerer Verwandter, den man auch »den Hobbit« nennt und der erst kürzlich in Fossilien in Indonesien entdeckt wurde. Außerdem gibt es noch die Denisova-Menschen, die man nur von Fragmenten kennt, die man ursprünglich in 50 000 bis 30 000 Jahre alten Höhlen in Sibirien fand, und die sich anhand ihrer DNA unterscheiden, die man in einem Fingerknochen fand. Die Genome von Neandertalern und Denisova-Menschen ließen sich aus Fossilien rekonstruieren und zeigen, dass die modernen Menschen, Neandertaler und Denisova-Menschen nicht nur eng miteinander verwandt waren, sondern dass sich in der Vergangenheit Individuen dieser Spezies gelegentlich miteinander paarten. Die DNA der meisten Menschen enthält einen kleinen Anteil an Neandertaler-Genen, während Melanesier, die australischen Aborigines und einige andere asiatische Bevölkerungsgruppen auch Gene des Denisova-Menschen aufweisen. In unseren Genen lebt die Geschichte weiter.

Die frühen Menschen lebten nur in Afrika, doch vor etwas mehr als 100 000 Jahren streckte eine Population ihre Fühler in die weite Welt aus und wohnte gemeinsam mit den Neandertalern in der Gegend des heutigen Israel. Und vor 70 000 bis 50 000 Jahren begann sich unsere Spezies rasch über Asien und Europa zu verteilen. Wie waren diese unerschrockenen Kolonisten?

Im Museum für Alte Kulturen in Tübingen liegen in einem fensterlosen Raum kleine, aus Elfenbein geschnitzte Figürchen und glitzern wie Juwelen (siehe Abbildung 45). Die Tiere, die man in einer Höhle im Südwesten von Deutschland fand, sind die frühesten bekannten Beispiele darstellender Kunst. In einer Höhle in der Nähe fand sich eine Frauenfigur, ebenfalls aus Mammutelfenbein. Sie ist etwa so alt wie die ältesten Tierfiguren und die früheste Darstellung eines Menschen. In der Alten Welt begannen die Zeitgenossen dieser frühen Bildhauer, Höhlenwände mit wunderbaren Tierzeichnungen und möglicherweise auch Geistern zu schmücken. Die ältesten bekannten Höhlengemälde aus Indonesien wurden ungefähr vor 44 000 Jahren angefertigt. Die dargestellten Jäger sind halb Mensch, halb Tier und lassen ebenso Spiritualität wie Kunstsinn vermuten (siehe Abbildung 46). Die Werkzeuge dieser Zeit weisen ebenfalls auf diese neue technologische Revolution hin, denn es beginnt die Massenproduktion von Steinwerkzeugen sowie fein gearbeiteten Ahlen, Nadeln und sogar Flöten aus Knochen. Aus den alten Knochen lassen sich keine Rückschlüsse auf Sprache ziehen, aber man könnte spekulieren, dass sich dieses typisch menschliche Attribut in dieser Zeit auch weiterentwickelte. Man weiß nicht, wie es zu den Veränderungen in dieser Zeit kam, aber wie der Paläoanthropologe Daniel Lieberman sagte, dachten und verhielten sich die Menschen irgendwie anders. Endlich hatten sie sich die Bezeichnung »modern« verdient.

In ihrem fesselnden Buch *Götter und Maschinen* erzählt Adrienne Mayor Platons Geschichte von der Erschaffung der Tiere nach. Demnach

Abb. 45 und 46 Ein großer Sprung für die Menschheit. (Abb. 45) Zierliche Tiere aus Mammutelfenbein von vor fast 40 000 Jahren. (Abb. 46) Die ältesten bekannten Höhlenmalereien aus Indonesien von vor 44 000 Jahren.

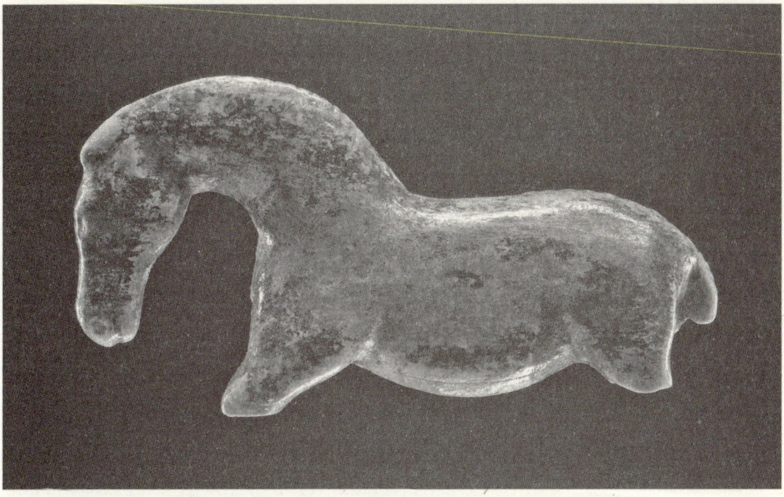

Abb. 45

Abb. 46

überließen die Götter es zwei Titanen, den Tieren ihre Fähigkeiten zuzuteilen, Prometheus und Epimetheus. Besonders Epimetheus stürzte sich mit Feuereifer in die Arbeit, machte Geparden schnell, Krabben gepanzert und Elefanten groß. Die Menschen standen dummerweise als Letzte in der Reihe, und als Epimetheus zu ihnen kam, hatte er alle Eigenschaften verbraucht. Da Prometheus einsah, dass der Mensch für das Leben in der weiten Welt gerüstet sein musste, besorgte er ihnen Sprache, Feuer und Technologie, die er den Göttern stahl. Das ist eine schöne Geschichte und gar nicht so weit von der Ansicht der Anthropologen entfernt, denn mit der Fähigkeit, zu sprechen, Feuer zu kontrollieren und Werkzeuge herzustellen, begannen sich die Menschen vom Rest des Tierreiches abzusondern.

Ohne Frage haben die Umweltveränderungen die menschliche Evolution beeinflusst, da sich unsere Vorfahren der veränderten afrikanischen Landschaft anpassten. Doch in der langfristigen Geschichte der Erde zeigt sich, dass Organismen nicht einfach nur ihre Umgebung widerspiegeln. Sie tragen auch dazu bei, sie zu verändern. In dieser Hinsicht ist der Mensch nicht anders. Nun, er ist anders, aber nicht weil er so wenig Einfluss auf den Planeten hat, sondern weil er so große Auswirkungen auf ihn hat. *Homo sapiens* hat die Welt um uns geformt, seit er aufgetreten ist, und tut das auf eine nie zuvor gesehene Weise. Das ist der letzte Zug im ewig langen Zusammenspiel von Erde und Leben.

Vor 20 000 Jahren überzog eine große Gletschereisschicht die nördliche Hälfte von Nordamerika. Südlich einer Eisgrenze, die sich von Cape Cod nach Montana erstreckte, lebte in Tundra, Steppe und Nadelwald eine beachtliche Vielfalt an Säugetieren wie Mammuts und Mastodonten, Wollnashörner, Höhlenbären, Urwölfe, Höhlenlöwen und Säbelzahntiger, Pferde, Kamele, Riesenfaultiere und Glyptodonten, ausgestorbene Gürteltiere, die die Größe eines VW Käfer erreichten. Vor 10 000 Jahren waren sie alle verschwunden. Was war passiert?

Vor etwa 15 000 Jahren begann das Eis zu schmelzen, und nach einer letzten Kälteperiode erwärmte sich die Erde im Zeitraum von vor 13 000 bis 10 000 Jahren relativ schnell und entwickelte sich zu der zwischeneiszeitlichen Welt, in der wir gerade leben. Ich nenne den Zeitraum »interglazial« anstelle von »postglazial«, denn während der letzten eine Million Jahre schwankte die Erde in einem Zyklus von etwa 100 000 Jahren zwischen glazialer Kälte und interglazialer Wärme, abhängig von den metronomischen Variationen der Umlaufbahn der Erde um die Sonne. Es gibt keinen Grund zur Annahme, dass die Wärme, die wir jetzt erleben, etwas anderes ist als ein interglaziales Intervall, das irgendwann wieder in eine neue Eiszeit übergehen wird. Zumindest gab es keinen Grund dazu, bevor die Menschen mit ihrer Industrialisierung kamen.

Als sich vor 13 000 bis 10 000 Jahren in Nordamerika milderes Klima ausbreitete, wanderten Pflanzenpopulationen nach Norden und legten den Grundstein für Gemeinschaftsverbände, die sich deutlich von heutigen unterscheiden. Eine Reihe von Wissenschaftlern stellte die These auf, dass veränderte Umweltbedingungen und unbekannte Vegetation die Säugetierpopulation schrumpfen ließen. Durch Umweltbedingungen ausgelöster Stress kann zwar erklären, dass Säugetiere aussterben, aber während der vorhergehenden eine Million Jahre kamen ähnliche Klimaveränderungen wiederholt vor, ohne dass es zu größeren Artenverlusten kam. Es musste noch etwas anderes dazu beigetragen haben.

Dieses Andere war der *Homo sapiens*. Haben Menschen in Afrika und Eurasien schon eine lange Geschichte, so sind sie in der Neuen Welt doch erst in den letzten Stadien der letzten Eiszeit angekommen. Kürzlich berichteten Archäologen von Hinweisen darauf, dass am Salmon River in Idaho vor 16 500 bis 16 300 Jahren Menschen lebten, die in einer ersten Migrationswelle aus dem nordöstlichen Asien wohl entlang der Pazifikküste ankamen. Die menschliche Population, die man nach dem Entdeckungsort in New Mexico Clovis nennt, expandierte rasch, und kurz bevor die großen Säugetiere ausstarben, begann sie neue und bessere Steinwerkzeuge herzustellen. Zahlreiche Orte, an denen Tiere getötet und geschlachtet wurden, belegen, dass die Clovis-Kultur Jagd betrieb.

Das wiederum lässt vermuten, dass der Mensch bei der Ausrottung der großen Säugetierarten in Nordamerika eine große Rolle gespielt hatte. Höchstwahrscheinlich war es die Kombination von Jagd und Umweltveränderungen, doch ohne den Menschen würde die Fauna des Kontinents heute vielleicht anders aussehen. In Australien fällt die Ankunft von Menschen vor 50 000 bis 40 000 Jahren ebenfalls mit dem Verschwinden einheimischer Tiere zusammen. Auf der unbewohnten Wrangell-Insel, einem abgelegenen Stück Land in der Tschuktschensee nördlich von Sibirien, überlebten Mammuts noch bis vor ungefähr 4000 Jahren. Hätten sie gewusst, wo sie suchen müssen, hätten die ägyptischen Pharaonen sie für ihre Triumphzüge fangen können.

Die Menschheit hat also die Biologie der Erde schon früh beeinflusst, und dieser Einfluss verstärkte sich im Laufe der Zeit immer mehr. Ein zweiter, letztendlich entscheidender Einfluss machte sich vor ungefähr 11 000 Jahren bemerkbar und zog sich in einem Bogen von Israel und Jordanien nach Norden über Syrien, die Türkei und den Irak. Hier wurde zuerst Landwirtschaft betrieben, man lernte, wie man Feigen, Gerste, Kichererbsen und Linsen züchtete und erntete. Innerhalb von tausend Jahren wurden Schafe, Ziegen, Schweine und Rinder domestiziert. Die Landwirtschaft entwickelte sich in verschiedenen Teilen der Welt unabhängig voneinander. In China geschah das vor 9000 Jahren, in Mittelamerika vor 10 000 Jahren, in den Anden vor 7000 Jahren und in Teilen von Afrika südlich der Sahara vor 6500 Jahren. Es ist im Moment in, diesen kulturellen Wandel zu bedauern, da die Landwirtschaft das Jagen und Sammeln durch ein Leben ersetzte, das mehr Arbeit für weniger reichhaltige und verlässliche Nahrung verlangte. Das mag so sein, aber diejenigen, die iPhones benutzen, sich gerne Filme ansehen oder eine Krebskrankheit überlebt haben, sehen vielleicht Vorteile in der sozialen Umstrukturierung, die durch die landwirtschaftliche Revolution ausgelöst wurde. Man brauchte weniger Menschen, um mehr Nahrung zu erzeugen, wodurch andere der Kunst, der Forschung oder dem Handel nachgehen konnten.

Natürlich wuchs der Einfluss des Menschen auf die Natur proportional zur Ausdehnung von Acker- und Weideland. Es bildeten sich Dörfer und manche davon wurden zu Städten. Die Bevölkerungszahlen stiegen und der Handel nahm zu. Dennoch wuchs der ökologische Fußabdruck des Menschen zu Beginn langsam. Hätte man zur Zeit Christi oder tausend Jahre später gelebt, so wären das Leben und auch der menschliche Einfluss auf den Planeten ungefähr die gleichen gewesen. In dieser Zeit wuchs unsere Zahl nicht sonderlich, sondern stagnierte bei etwa 200 Millionen. Doch als die Menschen lernten, die Energieressourcen unter ihren Füßen zu nutzen, stiegen die Entwicklungskurven von Bevölkerungszahlen, technischen Erfindungen und Umwelteinfluss steil nach oben. Innerhalb von zwei Jahrhunderten bewegte sich die Menschheit von Pferdestärken und Dampf zu Diesel und Flugbenzin. Um 1800 erreichte die menschliche Erdbevölkerung die Grenze von einer Milliarde, 1930 die von zwei Milliarden und 1975 die von vier Milliarden. Im nächsten Jahrzehnt werden wir die Zahl wohl noch einmal verdoppeln. Und mit dem Bevölkerungswachstum hat sich auch der Einfluss jedes Einzelnen auf die Umwelt erhöht. Fossile Brennstoffe werden seit dem 19. Jahrhundert genutzt, aber ihre Verwendung hat sich seit dem Zweiten Weltkrieg beinahe verzehnfacht.

In gewisser Hinsicht läutete die industrielle Revolution ein goldenes Zeitalter für die Menschheit ein. Unsere Zahl stieg rasch an, da sich die Vorteile von Gesundheitswesen und Wohlstand schnell, wenn auch ungleichmäßig, auf der ganzen Welt verbreiteten. Doch genau die Innovationen, die es ermöglichten, über sieben Milliarden Menschen zu kleiden und zu ernähren, sind es, die die Erde jetzt in einer immer enger werdenden Schraubzwinge halten. Der Druck kommt aus zwei Richtungen: den direkten Auswirkungen auf die Organismen und einen steigenden Einfluss auf die physikalische Umgebung der Erde. Ein gutes Beispiel für die direkten Einflüsse ist, dass die Landwirtschaft mittlerweile die Hälfte der bewohnbaren Erdoberfläche ausmacht und Pflanzen, Tiere und Mikroorganismen verdrängt, die dort einst gelebt haben. Auch durch Umweltverschmutzung, die sowohl Luft als auch Wasser, sowohl den Boden als auch das Meer betrifft, wird das natürliche Ökosystem belastet. Natürlich verlangt die Verschmutzung auch einen menschlichen Zoll, sei es die Luft in Delhi, die niemand atmen kann, oder das Wasser in Flint, Michigan, das niemand trinken kann. Die Schadstoffbelastung untergräbt aber auch die Vielfalt, Produktivität und ökologische Widerstandskraft natürlicher Gemeinschaften und lässt nur wenige, wenn überhaupt irgendwelche Ökosysteme unbeeindruckt.

Um diesen Punkt zu verdeutlichen, kann man sich die so unheilschwanger als »tote Zonen« bezeichneten Stellen im Golf von Mexiko ansehen. Im gesamten mittleren Teil Nordamerikas werden Weizen- und Maisfelder großzügig von Landwirten gedüngt. Während der Dünger zwar die Ernteerträge steigert, werden die meisten Nährstoffe von den wachsenden Pflanzen jedoch nicht aufgenommen. Stattdessen werden sie mit dem Regen und dem Grundwasser in die Flüsse gespült und gelangen schließlich in den Golf von Mexiko. Im Wasser des Golfs verrichten die Düngemittel schließlich ihre Arbeit und sorgen für eine jährliche Algenblüte. Wenn die Algen auf den Meeresboden sinken, werden sie von respirierenden Bakterien aufgenommen, die dazu den Sauerstoff im sie umgebenden Wasser verbrauchen. Ohne den für Wachstum und Stoffwechsel wichtigen Sauerstoff sterben Tiere auf oder nahe dem Meeresboden in großen Mengen. 1988, als man die tote Zone im Golf entdeckte, hatte sie eine Fläche von 39 Quadratkilometern, 2017 waren es 27730 Quadratkilometer, das entspricht der Größe von New Jersey. In den Küstengebieten der ganzen Welt wurden mehrere Hundert weitere tote Zonen registriert, die tödlich für das Leben im Meer sind.

Wir beeinflussen die biologische Vielfalt auch durch die selektive Nutzung von Pflanzen und Tieren fern ihrer eigentlichen Heimat, sodass einige davon fremde Gemeinschaften unterwandern. Das Nashorn, einst eines der markantesten und majestätischsten Tiere unseres Planeten, ist sozusagen das Vorzeigeschild für Ausbeutung. Da Nashörner wegen der (angeblich) aphrodisierenden Wirkung ihrer Hörner in Teilen von Asien sehr beliebt sind, wurden sie in Afrika und Asien lange Zeit gewildert. Als Folge davon sind alle Rhinozerosbestände gefährdet, und das Breitmaulnashorn, das früher in ganz Zentralafrika verbreitet war, ist heute fast vollständig ausgerottet. Weltweit hat die Jagd zahlreiche Vogel- und Säugetierpopulationen ausgelöscht, und viele – von Geiern bis Elefanten – müssen streng überwacht werden, um für die Welt unserer Enkel erhalten zu bleiben.

Das Meer scheint uns im Vergleich dazu riesig und jungfräulich zu sein, irgendwie immun gegenüber den Verwüstungen, die der Mensch anrichten kann. Doch das hat sich in den letzten Jahren als Mythos herausgestellt. Man muss sich nur den kommerziellen Fischfang ansehen, um die Folgen der Ausbeutung erkennen zu können. Ungefähr drei Milliarden Menschen sind auf Fisch als Proteinquelle angewiesen, aber in den letzten Jahrzehnten ist weltweit jeder sechste Fischfangbetrieb eingegangen. Weitere 30 Prozent aller kommerziellen Fischbestände sind über das Maß der Nachhaltigkeit hinaus überfischt worden und die meisten anderen sind mittlerweile genau an dieser Grenze angekommen. Der Zusammenbruch des Dorschbestandes an der Neufundlandbank zeigt, wie schlimm es werden kann. Fischbestände, die noch 1958 über 800 000 Tonnen Fisch lieferten, wurden 1992 für kommerziell ausgerottet erklärt, was sich bis in die kulturelle Struktur des nahe liegenden Neufundland auswirkte. Der kommerzielle Fischfang wurde verboten, aber selbst drei Jahrzehnte später hat sich der Dorschbestand noch nicht erholt.

Die Größe des Meeres schützt es auch nicht vor Verschmutzung. Es heißt, dass jede Minute eine Lkw-Ladung Plastikmüll im Meer landet, was in vielen Teilen der Ozeane einen immer höheren Zoll an Tierbeständen kostet.

Die Vernichtung der Lebensräume, Umweltverschmutzung, exzessive Ausbeutung und eingewanderte Spezies belasten die Ökosysteme der Natur seit über einem Jahrhundert. Wenn man liest, dass in Australien seit der Kolonisierung durch die Europäer über 10 Prozent der einheimischen Säugetierarten verschwunden sind, dass die nordamerikanischen Vogelbestände seit 1970 um fast 30 Prozent zurückgegangen sind oder dass die Insektenpopulationen in den europäischen Wiesen im letzten Jahrzehnt um fast 80 Prozent abgenommen haben, dann spiegeln die nüchternen Statistiken die menschlichen Handlungen zum großen Teil wider. Doch was unsere Enkel als den größten Einfluss der Menschheit auf die Erde erkennen werden, hat gerade erst angefangen. Die Vernichtung von Lebensraum und Ähnlichem wird im Laufe des 21. Jahrhunderts nicht zurückgehen, aber es wird sich auf einem Planeten abspielen, der sich dramatisch verändert. Das, was vor sich geht, ist eine globale Erderwärmung, die Veränderung der Erde ausgelöst durch den menschlichen Beitrag zum Kohlenstoffzyklus.

Um den aufziehenden Sturm verstehen zu können, müssen wir uns einmal mehr der grundlegenden Beziehung zwischen Kohlendioxid und Klima zuwenden und darüber hinaus auf die Interaktion von Erde und Leben im Kohlenstoffzyklus. Zur Wiederholung: Pflanzen und andere photosynthetische Organismen entfernen CO_2 aus Luft und Wasser, indem sie den Kohlenstoff binden, um die für Wachstum und Reproduktion notwendigen Moleküle zu schaffen. Tiere, Pilze und zahllose Mikroorganismen erhalten Energie durch die Respiration dieser Moleküle und geben den Kohlenstoff als CO_2 an die Umwelt zurück. Photosynthese und Respiration halten sich fast genau die Waage, wobei das »fast« die organische Masse ausmacht, die nicht respiriert wird und sich in Sedimenten ansammelt. Ein Teil dieses vergrabenen organischen Materials reift heran und wird zu Petroleum, Kohle und Naturgas. Es kommt nur sehr langsam, über Millionen Jahre hinweg, an die Oberfläche des Kohlenstoffzyklus, wenn die Plattentektonik die Sedimente zu Bergen auftürmt und sie so der chemischen Witterung und Erosion aussetzt. Zumindest war das so, bis die industrielle Revolution kam.

Im physikalischen Teil des Kohlenstoffzyklus fügen Vulkane der Atmosphäre CO_2 hinzu, während chemische Witterung es verbraucht und der Kohlenstoff letztendlich als Kalkstein gelagert wird. Gemeinsam bestimmen diese beiden Prozesse den Kohlendioxidgehalt in der Atmosphäre. Und da CO_2 ein starkes Treibhausgas ist, reguliert es im Laufe der Zeit auch das Klima. In Kapitel 7 haben wir gesehen, dass vor 252 Millionen Jahren gegen Ende des Perm-Zeitalters riesige Vulkane gigantische Mengen an CO_2 in die Atmosphäre schossen, eine Erderwärmung herbeiführten, die Meere übersäuerten (also einen physiologisch bedeutsamen Abfall des pH-Wertes im Wasser herbeiführten) und Sauerstoffmangel im Meerwasser bewirkten. Sowohl auf dem Land als auch im Wasser wurde die biologische Vielfalt fast völlig vernichtet. Während der warmen Zeit nach den Vulkanausbrüchen stiegen die Raten der chemischen Verwitterungsprozesse, wodurch sich im Laufe einiger Jahrtausende der atmosphärische CO_2-Gehalt wieder auf das Niveau von vor der Katastrophe zurückregulierte.

Vulkanausbrüche waren zwar das Mittel der Natur, um den Kohlenstoffzyklus aus dem Gleichgewicht zu bringen, aber Menschen haben neue und ähnlich wirkungsvolle Mechanismen eingeführt – das Verbrennen fossiler Brennstoffe und die Rodung der Wälder für die Landwirtschaft. Kohle, Öl und Naturgas, die sich in Hunderten von Millionen Jahren gebildet haben, geben jetzt in aberwitziger Geschwindigkeit ihren Kohlenstoff an die Atmosphäre ab. Im 21. Jahrhundert geben die Menschen hundertmal mehr Kohlendioxid an die Atmosphäre als alle Vulkane der Welt zusammen. Doch während die hoch technisierten Menschen die Geschwindigkeit, mit der die Atmosphäre CO_2 erhält, drastisch erhöht haben, haben sie (bislang) doch noch nichts unternommen, um auch die Geschwindigkeit zu steigern, mit der es abgebaut wird, daher erhöhen sich die CO_2-Werte in der Luft um uns herum.

Letztendlich wird eine wärmere Erde die chemischen Witterungsprozesse beschleunigen und so das Kohlendioxid in der Atmosphäre wieder ausgleichen, wie es nach dem Massenaussterben am Ende des Perms geschehen ist; doch wie in der Vergangenheit kann das Tausende von Jahren dauern. Aus der Perspektive unseres eigenen Lebens und des unserer Kinder ist das mit dem CO_2 eine Einbahnstraße nach oben.

Dass die CO_2-Werte in der Atmosphäre ansteigen, wissen wir, weil wir das messen können (siehe Abbildung 47). 1958 begann Charles David Keeling die Zusammensetzung der Atmosphäre zu beobachten, indem er stündlich Daten von einer Messstation am Gipfel des Mauna Loa ablas. Dieses Programm wird bis heute fortgesetzt. Als Keeling anfing, enthielt die Luft über Hawaii 316 ppm Kohlendioxid (Teile pro Million). Im Mai 2020 war dieser Wert auf 417 ppm angestiegen – so hoch war er auf der Erde zuletzt vor Millionen von Jahren. Ändert sich die Gesellschaft nicht drastisch, werden wir Mitte des Jahrhunderts den Wert von 500 ppm erreichen, was mehr den warmen Zeiten vor den antarktischen Gletschern entspricht als allem, was die Menschheit oder ihre homininen Vorfahren je erlebt haben.

Wir wissen, dass der Anstieg von CO_2 hauptsächlich aus dem Verbrauch von fossilem Brennstoff stammt, weil dieses Kohlendioxid eine bestimmte chemische Signatur in der Luft hinterlässt. Im Laufe der letzten sechzig Jahre maßen Wissenschaftler nicht nur die Menge von Kohlendioxid in der Luft, sondern auch dessen carbonisotopische Zusammensetzung. Das Verhältnis der beiden stabilen Isotope ^{12}C und ^{13}C ist in den großen Kohlenstoffvorkommen der Erde unterschiedlich, daher kann man damit die Quelle des CO_2 in der Atmosphäre bestimmen. Kohlendioxid aus vulkanischen Gasen oder das in CO_2 gelöste Wasser können es nicht sein, da deren isotopische Zusammensetzung anders ist als die des CO_2 in der Luft. Im Gegensatz dazu hat organisches Material, das durch Photosynthese gebildet wurde, genau die richtige Mischung, um die Daten zu erklären. Schon mit den stabilen Isotopen allein könnte

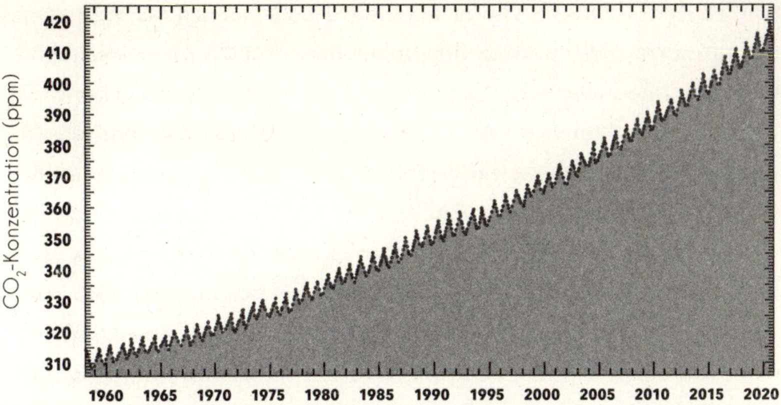

Abb. 47 Die Menge von Kohlendioxid in der Atmosphäre, seit 1958 stündlich an einer Messstation am Mauna Loa in Hawaii gemessen. Die kleinen jährlichen Schwankungen ergeben sich daraus, dass es in der nördlichen Hemisphäre mehr Land gibt als südlich des Äquators, daher gibt es im Sommer mehr Photosynthese, was die Kohlendioxidwerte senkt. Im nördlichen Winter nimmt die Photosynthese ab, während die Respirationsrate gleich bleibt und der Atmosphäre Kohlendioxid zuführt.

man die Quelle des gestiegenen CO_2-Wertes in der Luft auf Waldrodung und fossile Brennstoffe zurückführen, doch wenn wir der Analyse auch noch das dritte Isotop ^{14}C hinzufügen, wird es eindeutig. Da ^{14}C radioaktiv ist und im Laufe einiger Jahrtausende zu Stickstoff zerfällt, kommt es bei lebenden Organismen in geringem Maße vor, aber in fossilen Brennstoffen, die vor Millionen von Jahren entstanden, ist es nicht zu entdecken. Messungen zeigen, dass die Menge von ^{14}C im atmosphärischen CO_2 im Laufe der Zeit so abgenommen hat, dass dies als Hauptquelle dafür die Verwendung von Kohle, Petroleum und Naturgas identifizieren kann, die die Menschen verbrennen, um ihrer blühenden Bevölkerung Energie und Wärme zu liefern.

Fügen wir der Atmosphäre Treibhausgase hinzu, kann man erwarten, dass sich die Oberfläche der Erde erwärmt. Und genau das tut sie auch, auch das kann man messen (siehe Abbildung 48). Heutzutage können wir den Globus mittels Satelliten überwachen, doch die Temperaturen vor einem Jahrhundert muss man sich aus alten meteorologischen und ozeanografischen Aufzeichnungen erschließen, was einen gewissen Unsicherheitsfaktor beinhaltet. Dennoch ist man sich in der Wissenschaft einig, dass sich die mittlere Temperatur der Erdoberfläche in den letzten hundert Jahren um etwas weniger als 1 Grad Celsius erhöht hat, wobei sich die Pole schneller erwärmen als die Äquatorregionen. Dem Pariser Abkommen von 2016 nach verpflichtete sich die Welt, die Erwärmung auf weniger als 2 Grad Celsius über den vorindustriellen Werten zu beschränken. Die Hälfte davon ist bereits erreicht, und obwohl die Vorteile des Erfolgs enorm wären, werden wir scheitern, wenn wir unsere Lebensweise nicht von Grund auf ändern.

Was sind die Folgen der Erderwärmung? Das hängt davon ab, wo man wohnt. Es wird Gewinner und Verlierer geben. Neuere Schätzungen gehen davon aus, dass Toronto 2050 ein Klima haben wird, das dem von Washington heute ähnelt. Manche Kanadier freuen sich vielleicht auf ein Leben mit weniger Schnee, aber man sollte auch an die Bewohner von Washington denken, wo die Sommerhitze und die Luftfeuchtigkeit jetzt schon recht hoch sind. Eine Studie der Brookings Institution vermutet, dass US-Staaten an der kanadischen Grenze zumindest zum Teil wirtschaftlich von den Klimaveränderungen des 21. Jahrhunderts profitieren werden. Im Gegenzug dazu werden die südlichen Staaten einen wirtschaftlichen Schaden erleiden, der sich in manchen Ländern auf über 15 Prozent des jetzigen Einkommens beläuft. Man mag darin einen poetischen Sinn für Gerechtigkeit erkennen – dass der Klimawechsel dort, wo er am heftigsten geleugnet wurde, den größten wirtschaftlichen Schaden anrichten wird –, doch letztendlich werden wir alle den Preis für die Erderwärmung zahlen. Und mit den Temperaturen werden sich auch die Niederschlagsmengen ändern. Die Verfügbarkeit von Wasser ist schon heute ein geopolitischer Krisenfaktor und wird im weiteren 21. Jahrhundert immer wichtiger werden. Für den Südwesten der USA, besiedelte

Gebiete im Mittleren Osten, Südwestafrika, die Iberische Halbinsel und weitere Orte sind sinkende Niederschläge vorausgesagt. Fast zwei Milliarden Menschen, die in niedrigen Breitengraden vom Schmelzwasser der Gletscher abhängig sind, werden ebenfalls unter Wassermangel leiden, wenn die Gletscher schrumpfen und letztendlich ganz verschwinden.

Das bereits zunehmende Extremwetter wird noch häufiger werden und eine weitere Herausforderung für das 21. Jahrhundert und darüber hinaus darstellen. Verheerende Brände in Kalifornien und Australien zeugen von längeren Hitze- und Dürreperioden, die bislang recht selten vorkamen. Natürlich steht zu befürchten, dass Wetterextreme auf der ganzen Welt häufiger werden, während sich das Klima verändert. Die Auswirkungen auf die Nahrungsmittelsicherheit und politische Stabilität sind enorm.

Und was ist mit der natürlichen Welt? Wie werden Pflanzen, Tiere und Mikroorganismen auf den globalen Wandel reagieren, wenn sie sowieso schon unter den Veränderungen des Lebensraums, übermäßiger

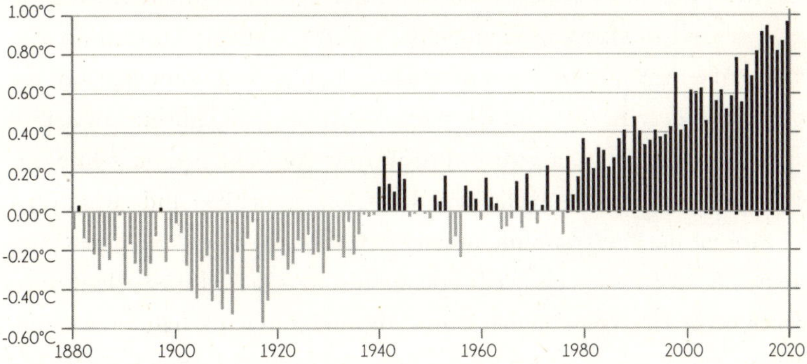

Abb. 48 Die globalen Temperaturen im Laufe der letzten 140 Jahre. Die Statistik zeigt die Abweichung der Temperaturen im Mai vom Durchschnitt des 20. Jahrhunderts. Vor 1940 lagen die globalen Temperaturen stets unter diesem Durchschnitt, seit 1978 liegen sie permanent darüber und erhöhen sich jedes Jahr.

Ausnutzung, Verschmutzung und der Invasion durch fremde Arten zu leiden haben? Populationen, die eine veränderte Umgebung vorfinden, können darauf reagieren, indem sie sich anpassen, auswandern (ihrem bevorzugten Lebensraum folgen, wenn dieser sich verschiebt) oder aussterben. Biologen haben einige überzeugende Beispiele von schneller Anpassung dokumentiert, doch die Geschwindigkeit der globalen Veränderung im 21. Jahrhundert wird viele Spezies vor eine große Herausforderung stellen. Das wird auch bei der Migration so sein, denn in der modernen Welt werden Migrationswege möglicherweise durch Felder, Städte und viel befahrene Straßen versperrt. Wie können wir dann also die Gefahr der dritten Möglichkeit minimieren?

Hier spielen Nationalparks, Rückzugsgebiete und andere Landschaftsschutzmaßnahmen bei der Bewahrung von Arten, die durch Veränderungen des Lebensraumes bedroht sind, eine große Rolle. Wir brauchen die Rückzugsgebiete, die wir noch haben, und würden enorm davon profitieren, wenn wir sie ausweiten könnten. Doch wie gut wird man die Arten bewahren können, wenn sich das Klima in den geschützten Gebieten ändert? Geschützte Korridore, die die Migration fördern, würden helfen, aber auch wenn das Land geschützt ist, werden die Klimaveränderungen die Verbreitung vieler Spezies verändern. Spezies, die bislang nie aufeinandergetroffen sind, werden sich an ein und demselben Ort begegnen, was weitgehend unbekannte Auswirkungen auf Konkurrenz und die Widerstandsfähigkeit der Ökosysteme hat.

Angesichts des sich immer schneller ändernden Klimas zeigt das Meer weiterhin sein Pokerface, und seine Größe scheint es dem menschlichen Einfluss zu entziehen. Doch diese Wahrnehmung ist trügerisch. Zum einen steigen die Meeresspiegel, wenn sich das Gletschereis in Wasser verwandelt und sich wärmeres Meerwasser ausdehnt. Im 20. Jahrhundert stieg der Meeresspiegel global um 15 bis 20 Zentimeter, wobei es in den letzten Jahren immer schneller ging. Für 2100 sagen Schätzungen, die relativ viele Unsicherheiten bergen, aller Voraussicht nach einen

Anstieg um weitere 50 bis 100 Zentimeter voraus. Das klingt vielleicht nicht nach viel, aber wenn man in Venedig, Bangladesch, auf einem Pazifikatoll oder in Florida wohnt, kann der Meeresspiegel schon einen drastischen Einfluss auf das tägliche Leben haben. Und wenn der Meeresspiegel steigt, ändern sich auch die physikalischen Eigenschaften des Meerwassers. Logischerweise werden, wenn der CO_2-Gehalt in der Luft ansteigt, sich die Meere ebenso erwärmen wie das Land. Und wenn Wasser sich erwärmt, kann es weniger Sauerstoffgas aufnehmen, die Meere werden also besonders in der Tiefe Sauerstoff verlieren. Und da die Meere normalerweise eine Menge des CO_2 aufnehmen, das die menschlichen Aktivitäten ausstoßen, wird der pH-Wert des Wassers sinken (was zu einer Übersäuerung der Meere führen wird). Genau: Das tödliche Killertrio, das nach der Vulkantätigkeit am Ende des Perms einsetzte, wird im 21. Jahrhundert mit Macht zurückkehren. Es hat bereits begonnen.

Wie kaum irgendwo auf der Welt kann das Great Barrier Reef vor Australien die komplizierten Herausforderungen verdeutlichen, vor denen der sich verändernde Planet steht. Das beeindruckende Korallenband erstreckt sich seit Millionen von Jahren über mehr als 2300 Kilometer vor der nordöstlichen Küste, birgt eine ungeheure biologische Vielfalt und schützt gleichzeitig das angrenzende Land vor Stürmen. Trotz seiner langen Geschichte kamen neuere Studien zu dem Schluss, dass das Riff zwischen 1987 und 2012 ungefähr 50 Prozent seines lebenden Korallenüberzugs verloren hat, hauptsächlich durch Wirbelstürme und hungrige Seesterne, die von Nährstoffen aus Abwässern aus der Landwirtschaft angelockt werden. Wenn die Wassertemperatur steigt und der pH-Wert abnimmt, wird der Schraubstock noch weiter angezogen. Dutzende von Labor- und Feldstudien zeigen, dass bei fallendem pH-Wert die Fähigkeit der Korallen, Carbonskelette zu bilden, abnimmt. Daher können bei zunehmender Übersäuerung der Meere die Korallen nicht länger in der Lage sein, die Kalksteingrundlage für die Riffe zu bilden und ihre biologische Vielfalt zu erhalten. Und die steigende Wassertemperatur wirft noch ein weiteres Problem auf. Korallenriffe sind eigentlich Bauern, die die meisten ihrer Nährstoffe von den Algen erhalten, die in ihren Strukturen leben. Wenn die Wassertemperatur einen gewissen Punkt übersteigt, werfen die Korallen überraschenderweise ihre Algen ab. Das nennt man Bleaching, da sich die Korallen weiß färben. Als extreme Wassertemperaturen noch relativ selten waren, erholten sich weiße Korallen relativ schnell, indem sie mehr Algen rekrutierten. Doch jetzt kommt es durch die hohen Temperaturen häufiger zu Bleachings, was den Tod der Korallenriffe bedeutet. 2016 und 2017 starb bei Bleaching-Prozessen im nördlichen Barrier Reef etwa die Hälfte der Korallen in dieser Region, und neue Bleachings im Jahr 2020 ließen Korallen im gesamten Bereich des Riffs sterben. Unternehmungslustige Biologen haben temperaturunempfindliche Korallen in Teilen des Pazifiks entdeckt; diese könnten, zusammen mit Unterstützungsmaßnahmen zur Regeneration der Korallenriffe, die Ökosysteme der Korallenriffe auf der Welt vielleicht noch retten. Aber manchen der schönsten Ökosysteme der Welt läuft die Zeit davon.

Unter Geologen bezeichnet man unsere Ära zunehmend als Anthropozän, um den ungeheuren Einfluss zu betonen, den der Mensch auf die Welt hat, und seine Verschiedenheit zu allem, was es vorher gab. Ich halte es für wahrscheinlich, dass Geologen und Paläontologen in ferner Zukunft auf unsere Welt zurückblicken und unsere Zeit als etwas Außergewöhnliches registrieren werden, eine Zeit, in der es zu geologisch seltenen Raten von Umweltveränderungen kam und zu einer Reduktion der biologischen Vielfalt ähnlich wie bei den kleineren Auslöschungsphasen in der Vergangenheit, wenn (hoffentlich) auch nicht wie bei den Massensterben, die das Ende des Paläozoikums und des Mesozoikums bedeuteten. Am auffallendsten von allen Phänomenen, die mit dem von Menschen verursachten globalen Wandel einhergehen, ist deren Reaktion darauf – die bislang ziemlich schwach ist. Dabei ist es nicht so, als wäre man nicht gewarnt worden. Schon 1957 warnte der Ozeanograf Roger Revelle davor, dass steigende CO_2-Werte in der Atmosphäre das Klima und damit auch die Ökosysteme der Welt verändern würden. Und mit jedem Jahrzehnt sind die Warnungen der Wissenschaftler deutlicher – und furchteinflößender – geworden. Es scheint den Leuten schwerzufallen, sich über langsame, jahrzehntelang andauernde Veränderungen aufzuregen, doch die Zeitspanne trügt. Ist man zwanzig Jahre alt, so geht es um grundlegende Veränderungen im Laufe des eigenen Lebens, wenn man sechzig ist, dann geht es um die Welt, in der unsere Enkel leben. Feuer, Wirbelstürme, Wassermangel, Zusammenbruch der Fischerei, Flüchtlingsprobleme – was heute schon eine Herausforderung darstellt, wird im Laufe des Jahrhunderts nur noch schlimmer werden.

Es gibt natürlich auch die, die falsche Informationen über den globalen Wandel verbreiten, weil sie finanziell vom Status quo profitieren. Die Debatte über Krebs und Rauchen hat vor langer Zeit schon viel über diejenigen gelehrt, denen ihr Geld heute lieber ist als eine bessere Welt morgen. Wirtschaftliche Gründe für das Nichtstun sind egoistisch und irreführend, weil sie die Kosten der Untätigkeit nicht in die Rechnung miteinbeziehen. Neueren Schätzungen zufolge wird sich jeder Dollar, den man heute in die Veränderung unserer Lebens- und Arbeitsumstände steckt, am Ende des Jahrhunderts verfünffacht haben.

Natürlich gibt es Unsicherheiten in Bezug auf die Vorhersagen über den Klimawandel und seine Folgen für die Zukunft. Der große Physiker Niels Bohr soll einmal gesagt haben: »Es ist schwierig, Vorhersagen zu treffen, vor allem für die Zukunft.« Ob diese Aussage nun von Bohr oder jemand anderem stammt, macht sie nicht weniger wahr. In der Vergangenheit lag man mit Vorhersagen über den Klimawandel im 21. Jahrhundert gelegentlich daneben, doch wie sich zeigte, meist weil die Geschwindigkeit, mit der er sich vollzieht, unterschätzt wurde. Wissenschaftler sind im Grunde konservativ, und wir müssen noch lernen, Fehlschläge, die die Erderwärmung fördern und ihre Folgen verschlimmern, nicht zu unterschätzen. Vielleicht lassen sich am besten zwei Vorhersagen treffen: 1. »Keine Veränderung« ist die unwahrscheinlichste aller Folgen des menschlichen Handelns in diesem Jahrhundert, und 2. die Veränderungen können durchaus schneller und heftiger eintreffen, als die derzeitigen Modelle es berechnet haben.

Düstere Zukunftsprognosen können Hoffnungslosigkeit und Resignation auslösen, aber eigentlich ist es wie mit dem Geist der zukünftigen Weihnacht in Charles Dickens' *Weihnachtsgeschichte*. Der Geist sagt Scrooge, was kommen wird, wenn er nichts ändert. Scrooge hat etwas geändert und alle haben davon profitiert. Natürlich scheint die Aufgabe, die Zukunft der Gesellschaft sicherzustellen und dabei eine Welt zu retten, die in vier Milliarden Jahren Evolution entstanden ist, schier unlösbar, und jedes Jahr, das wir verstreichen lassen, ohne etwas zu tun, macht die Aufgabe noch größer und dringender. Doch durch weltweites Engagement haben wir die Möglichkeit, unseren Kindern eine sichere, gesunde Welt zu hinterlassen. Im hoch entwickelten Westen können wir unseren ökologischen Fußabdruck verringern, indem wir die richtige Wahl treffen, was Nahrung, Wohnung und Fortbewegung angeht, und wir können diejenigen, die nach besseren Lebensbedingungen streben, bei der Suche nach nachhaltigen Alternativen unterstützen. Als Bürger können wir Initiativen unterstützen, die sich bemühen, die biologische Vielfalt zu erhalten und erdfreundliche Technologien zu entwickeln. Neue Formen von Batterien (die man braucht, um nachhaltige Energiequellen voll ausnutzen zu können) und Mechanismen, um Kohlendioxid aus der Luft zu reinigen, sind das Erste, was einem in den Sinn kommt. In seiner berühmten Abschiedsrede vor dem amerikanischen Volk warnte George Washington davor, »der Nachwelt die Lasten zu überlassen, die wir selbst hätten auf uns nehmen sollen«. Washington sprach von Steuern und Staatsschulden, aber seine Worte gelten ebenso für den globalen Klimawandel und seine Konsequenzen. Vor einer Generation setzten die Vereinigten Staaten und ihre Alliierten alles Talent und alle Ressourcen darauf an, eine Bombe zu bauen. Vielleicht kann man mit derselben Entschlossenheit eine bessere Welt für unsere Enkel schaffen.

Hier stehen wir also, auf dem physikalischen und biologischen Erbe von vier Milliarden Jahren. Wir gehen, wo einst Trilobiten über einen alten Meeresboden glitten, wo sich Dinosaurier auf von Ginkgo bewachsenen Hügeln tummelten und Mammuts eine kalte Ebene beherrschten. Einst war es ihre Welt, jetzt ist es unsere. Der Unterschied zwischen uns und den Dinosauriern ist natürlich, dass wir die Vergangenheit verstehen und uns die Zukunft vorstellen können. Die Welt, die wir geerbt haben, ist nicht nur unsere eigene, wir sind auch für sie verantwortlich. Was als Nächstes geschieht, liegt bei uns.

DANKSAGUNG

Dieses Buch ist die Essenz des lebenslangen Versuchs, die Erde und das Leben darauf zu verstehen. Durch Forschungen auf fünf Kontinenten und Unterrichten, erst am Oberlin College und dann fast vier Jahrzehnte in Harvard, habe ich eine große Menge über die Vergangenheit, Gegenwart und wahrscheinliche Zukunft unserer Erde gelernt. Bei alldem habe ich von der Weisheit, der Zusammenarbeit und der Hilfe anderer profitiert.

Wissenschaftler unterliegen für gewöhnlich dem Einfluss zweier intellektueller Strömungen. Zum einen gibt es all das, was wir von unseren Lehrern lernen. Zu meinen Mentoren gehören Elso Barghoorn, ein Pionier bei der paläontologischen Suche nach dem ersten Leben auf der Erde, Dick Holland, ein herausragender Geochemiker, der die Grundlagen für die Forschung zur Umweltgeschichte der Erde legte, Stephen Jay Gould, der mein Interesse für die Evolution weckte, Ray Siever, der mich aufforderte, mir Sedimentgesteine genauestens anzusehen, und Steve Golubic, der mir von den Cyanobakterien berichtete. Die zweite Strömung verbindet uns mit unseren Studenten und Postdoktoranden, die in unseren Laboren gearbeitet haben – das ist ein steter Strom von Ideen und Erkenntnissen, der definitiv in beide Richtungen fließt. Die ehemaligen Laboranten des Knoll-Labors sind eine tolle Gruppe von Wissenschaftlern, die das Studium der Paläontologie, Geobiologie und Erdgeschichte in neue Bahnen gelenkt haben. Ich bin ihnen dankbar und ich bin stolz auf sie alle.

Mittlerweile stehen mehr als 500 Namen auf der Liste der Co-Autoren meiner wissenschaftlichen Arbeiten, und ich kann hier nicht alle erwähnen, obwohl ich jeden Einzelnen von ihnen schätze. Besonderer Dank gilt jedoch John Hayes, der mir alles beigebracht hat, was ich über Biogeochemie weiß; Keene Swett und Brian Harland, die mich in die

Arktisforschung eingeführt haben; Malcolm Walter, Freund und Feldkollege bei zahlreichen Streifzügen durch das australische Outback; Misha Semikhatov und Volodya Sergeev, meine Kollegen bei der geologischen Erforschung Sibiriens; Mario Giordano, der meine paläontologischen Hypothesen in Laborexperimente umsetzte; John Grotzinger, Partner in den letzten dreißig Jahren bei Feldforschungen, die von Namibia und Sibirien bis (zumindest virtuell) zum Mars reichten; und Dick Bambach, der mich bereits seit Langem dazu anregt, über die Evolution auf neue Weise nachzudenken.

Ernest Hemingway hatte Maxwell Perkins, der ihm beim Schreiben seiner Romane half, und ich habe glücklicherweise Peter Hubbard. *Die kürzeste Geschichte der Erde* war seine Idee, und seine Hilfe, sein Rat und seine konstruktive Kritik haben jede Seite dieses Buches verbessert. Ich danke weiterhin Molly Gendell und allen bei Harper Collins für ihre Professionalität. Für die Verwendung einiger in diesem Buch verwendeten Bilder danke ich dem Atacama Large Millimeter Array, Matteo Chinellato (über Wiki, Creative Commons), Marie Tharp Maps LLC und dem Lamont-Doherty Earth Observatory, Ron Blakey von Deep Time Maps, dem National Museum of Natural History der Smithsonian Institution, dem American Museum of Natural History, dem Museum für alte Kulturen an der Eberhard Karls Universität Tübingen, dem Scripps Institute of Oceanography und der National Oceanographic and Atmospheric Administration sowie meinen Freunden und Kollegen Zhu Maoyan, Nick Butterfield, Shuhai Xiao, Guy Narbonne, Mansi Srivastava, Frankie Dunn, Alex Liu, Misha Fedonkin, Jean-Bernard Caron, Alex Brasier, Hans Kerp, Hans Steur, Neil Shubin, Mike Novacek und Adam Brumm.

Und nicht zuletzt danke ich meinem persönlichen Team: Marsha, Kirsten und Rob. Ohne ihre Liebe und Unterstützung wäre dieses Buch (ebenso wie vieles andere) nicht zustande gekommen.

BILDNACHWEIS

Hintergrundbilder der Kapitelaufmacher auf Seite 2, 8, 40, 60, 86, 106, 128, 152, 174: © 1xpert/adobe.stock.com

Illustrationen der Kapitelaufmacher auf Seite 9, 41, 61, 87, 107, 129, 153, 175: Todd Marshall

Abbildung 1: ALMA (ESO/NAOJ/NRAO)/NASA/ESA

Abbildung 2: Matteo Chinellato (über Wiki, Creative Commons)

Abbildung 3: © Macrovector/adobe.stock.com

Abbildung 4, 9, 10, 11, 12, 13, 14, 15, 17, 18, 19, 20, 26, 41, 43: Andrew H. Knoll

Abbildung 5: World Ocean Floor Panorama, Bruce C. Heezen und Marie Tharp, 1977. © Marie Tharp 1977/2003. Reproduktion genehmigt von der Marie Tharp Maps LLC und dem Lamont-Doherty Earth Observatory.

Abbildung 6: Kartenillustration von Nick Springer/Springer Cartographics, LLC

Abbildung 7: Alexis Seabrook (Quelle: US Geological Survey)

Abbildung 8: 2016 Colorado Plateau Geosystems, Inc.

Abbildung 16: basierend auf der von der Internationalen Kommission für Stratigraphie herausgegebenen International Chronostratigraphic Chart in der Version von 2020

Abbildung 21: mit Genehmigung von Maoyan Zhu, Nanjing Institute of Geology and Paleontology

Abbildung 22: mit Genehmigung von Nicholas Butterfield, University of Cambridge

Abbildung 23: mit Genehmigung von Shuhai Xiao, Virginia Tech

Abbildung 24: mit Genehmigung von Guy Narbonne, Queen's University

Abbildung 25: mit Genehmigung von Mansi Srivastava, Harvard University

Abbildung 27: mit Genehmigung von Alex Liu, University of Cambridge

Abbildung 28: mit Genehmigung von Frankie Dunn, University of Oxford
Abbildung 29: mit Genehmigung von Shuhai Xiao, Virginia Tech
Abbildung 30: mit Genehmigung von Mikhail Fedonkin, Geological Institute, Russian Academy of Sciences
Abbildung 31: mit Genehmigung von Shuhai Xiao, Virginia Tech
Abbildung 32: © Smithsonian Institution – National Museum of National History. Fotos von Jean-Bernard Caron.
Abbildung 33: © Smithsonian Institution – National Museum of National History. Fotos von Jean-Bernard Caron.
Abbildung 34: © Smithsonian Institution – National Museum of National History. Fotos von Jean-Bernard Caron.
Abbildung 35: mit Genehmigung von Alex Brasier, University of Aberdeen
Abbildung 36: mit Genehmigung von Hans Steur
Abbildung 37: mit Genehmigung des Instituts für Geologie und Paläontologie – Paläobotanik, Universität Münster
Abbildung 38: Mit Genehmigung von Neil Shubin, University of Chicago
Abbildung 39: © American Museum of Natural History/D. Finnin
Abbildung 40: © H. Raab (User: Vesta)/Quelle: https://commons.wikimedia.org/wiki/File:Archaeopteryx_lithographica_(Berlin_specimen).jpg
Abbildung 42: Jack Sepkoski (Quelle: Sepkoski's Online Genus Database)
Abbildung 44: Alexis Seabrook (Schädel)
Abbildung 45: © Museum der Universität Tübingen MUT, J. Lipták
Abbildung 46: mit Genehmigung von Adam Brumm, Griffith University, Foto Ratno Sardi
Abbildung 47: Scripps Institution of Oceanography
Abbildung 48: Quelle: NOAA ClimateFov

BIBLIOGRAFIE

KAPITEL 1: CHEMIE

Allgemeine Literatur

Eric Chaisson (2006). *Epic of Evolution: Seven Ages of the Cosmos*. Columbia University Press, New York, 478 S.

Robert M. Hazen (2012). *The Story of Earth: The First 4.5 Billion Years, from Stardust to Living Planet*. Viking, New York, 306 S.

Harry Y. McSween (1997). *Fanfare for Earth: The Origin of Our Planet and Life*. St. Martin's Press, New York, 252 S.

Neil deGrasse Tyson (2018). *Das Universum für Eilige*. Carl Hanser Verlag, München, 192 S.

Weiterführende Literatur

Edwin Bergin et al. (2015). »Tracing the Ingredients for a Habitable Earth from Interstellar Space Through Planet Formation.« *Proceedings of the National Academy of Sciences*, USA 112, S. 8965–8970.

T. Mark Harrison (2009). »The Hadean Crust: Evidence from >4 Ga Zircons.« *Annual Review of Earth and Planetary Sciences* 37, S. 479–505.

Roger H. Hewins (1997). »Chondrules.« *Annual Review of Earth and Planetary Sciences* 25, S. 61–83.

Anders Johansen und Michiel Lambrechts (2017). »Forming Planets via Pebble Accretion.« *Annual Review of Earth and Planetary Sciences* 45, S. 359–387.

Harold Levison et al. (2015). »Growing the Terrestrial Planets from the Gradual Accumulation of Submeter-sized Objects.« *Proceedings of the National Academy of Sciences*, USA 112, S. 14180–14185.

Bernard Marty (2012). »The Origins and Concentrations of Water, Carbon, Nitrogen and Noble Gases on Earth.« *Earth and Planetary Science Letters* 313–14, S. 56–66.

Anne Peslier (2020). »The Origins of Water.« *Science* 369, S. 1058.

Laurette Piani et al. (2020). »Earth's Water May Have Been Inherited from Material Similar to Enstatite Chondrite Meteorites.« *Science* 369, S. 1110–1113.

Elizabeth Vangioni und Michel Cassé (2018). »Cosmic Origin of the Chemical Elements Rarety in Nuclear Astrophysics.« *Frontiers in Life Science* 10, S. 84–97.

Jonathan P. Williams und Lucas A. Cieza (2011). »Protoplanetary Disks and Their Evolution.« *Annual Review of Astronomy and Astrophysics* 49, S. 67–117.

Kevin Zahnle (2006). »Earth's Earliest Atmosphere.« *Elements* 2, S. 217–222.

KAPITEL 2: PHYSIK

Allgemeine Literatur

Charles H. Langmuir und Wally Broecker (2012). *How to Build a Habitable Planet: The Story of Earth from the Big Bang to Humankind.* Princeton University Press, Princeton, NJ, 736 S.

Alan McKirdy et al. (2017). *Land of Mountain and Flood: The Geology and Landforms of Scotland.* None Edition, Birlinn Ltd., Edinburgh, 322 S. (Ausführlicher Reiseführer für Schottland. Für interessierte Reisende in den USA hat Mountain Press eine Reihe von Geologieführern herausgegeben.)

Naomi Oreskes, Hrsg. (2003). *Plate Tectonics: An Insider's History of the Modern Theory of the Earth.* Westview Press, Boulder, CO, 448 S. (Neuauflage als E-Book 2018 von CRC Press.)

United States Geological Survey, Website: »Understanding Plate Motions.« https://pubs.usgs.gov/gip/dynamic/understanding.html.

Weiterführende Literatur

Annie Bauer et al. (2020). »Hafnium Isotopes in Zircons Document the Gradual Onset of Mobile-lid Tectonics.« *Geochemical Perspectives Letters* 14, S. 1–6.

Jean Bédard (2018). »Stagnant Lids and Mantle Overturns: Implications for Archaean Tectonics, Magmagenesis, Crustal Growth, Mantle Evolution, and the Start of Plate Tectonics.« *Geoscience Frontiers* 9, S. 19–49.

Ilya Bindeman et al. (2018). »Rapid Emergence of Subaerial Landmasses and Onset of a Modern Hydrologic Cycle 2.5 Billion Years Ago.« *Nature* 557, S. 545–548.

Alec Brenner et al. (2020). »Paleomagnetic Evidence for Modern-like Plate Motion Velocities at 3.2 Ga.« *Science Advances* 6, Nr. 17, eaaz8670, doi:10.1126/sciadv.aaz8670.

Peter Cawood et al. (2018). »Geological Archive of the Onset of Plate Tectonics.« *Philosophical Transactions of the Royal Society*, London. 376A: 20170405, doi:10.1098/rsta.20170405.

Chris Hawkesworth et al. (2020). »The Evolution of the Continental Crust and the Onset of Plate Tectonics.« *Frontiers in Earth Science* 8: 326, doi:10.3389/feart.2020.00326.

Anthony Kemp (2018). »Early Earth Geodynamics: Cross Examining the Geological Testimony.« *Philosophical Transactions of the Royal Society*, London. 371A: 20180169, doi:10.1098/rsta.2018.0169.

Jun Korenaga (2013). »Initiation and Evolution of Plate Tectonics on Earth: Theories and Observations.« *Annual Review of Earth and Planetary Sciences* 41, S. 117–151.

Craig O'Neill et al. (2018). »The Inception of Plate Tectonics: A Record of Failure.« *Philosophical Transactions of the Royal Society*, London. 371A: 20170414, doi:10.1098/rsta.20170414.

KAPITEL 3: BIOLOGIE

Allgemeine Literatur

David Deamer (2019). *Assembling Life: How Can Life Begin on Earth and Other Habitable Planets?* Oxford University Press, Oxford, UK, 184 S.

Paul G. Falkowski (2015). *Life's Engines: How Microbes Made Earth Habitable.* Princeton University Press, Princeton, NJ, 205 S.

Andrew H. Knoll (2003). *Life on a Young Planet: The First Three Billion Years of Life on Earth.* Princeton University Press, Princeton, NJ, 277 S.

Nick Lane (2017). *Der Funke des Lebens: Energie und Evolution.* Konrad Theiss Verlag, Stuttgart, 382 S.

Martin Rudwick (2014). *Earth's Deep History: How It Was Discovered and Why It Matters.* University of Chicago Press, Chicago, IL, 360 S.

Weiterführende Literatur

Abigail Allwood et al. (2006). »Stromatolite Reef from the Early Archaean Era of Australia.« *Nature* 441, S. 714–718.

Giada Arney et al. (2016). »The Pale Orange Dot: The Spectrum and Habitability of Hazy Archean Earth.« *Astrobiology* 16, S. 873–899.

Tanja Bosak et al. (2013). »The Meaning of Stromatolites.« *Annual Review of Earth and Planetary Sciences* 41, S. 21–44.

Martin Homann (2018). »Earliest Life on Earth: Evidence from the Barberton Greenstone Belt, South Africa.« *Earth-Science Reviews* 196, doi:10.1016/j.earscirev.2019.102888.

Emmanuelle Javaux (2019). »Challenges in Evidencing the Earliest Traces of Life.« *Nature* 572, S. 451–460.

Gerald Joyce und Jack Szostak (2018). »Protocells and RNA Self-replication.« *Cold Spring Harbor Perspectives in Biology*, doi:10.1101/cshperspect.a034801.

William Martin (2020). »Older Than Genes: The Acetyl CoA Pathway and Origins.« *Frontiers in Microbiology* 11, S. 817, doi:10.3389/fmicb.2020.00817.

Matthew Powner und John Sutherland (2011). »Prebiotic Chemistry: A New Modus Operandi.« *Philosophical Transactions of the Royal Society*, London. 366B, S. 2870–2877.

Alonso Ricardo und Jack Szostak (2009). »Origins of Life on Earth.« *Scientific American* 301, Nr. 3, Sonderausgabe: S. 54–61.

Eric Smith und Harold Morowitz (2016). *The Origin and Nature of Life on Earth: The Emergence of the Fourth Geosphere*. Cambridge University Press, Cambridge, UK, 691 S.

Norman Sleep (2018). »Geological and Geochemical Constraints on the Origin and Evolution of Life.« *Astrobiology* 18, S. 1199–1219.

KAPITEL 4: SAUERSTOFF

Allgemeine Literatur

John Archibald (2014). *One Plus One Equals One*. Oxford University Press, Oxford, UK, 205 S.

Donald E. Canfield (2014). *Oxygen: A Four Billion Year History*. Princeton University Press, Princeton, NJ, 196 S.

Nick Lane (überarbeitete Auflage, 2016). *Oxygen: The Molecule That Made the World*. Oxford University Press, Oxford, UK, 384 S.

Weiterführende Literatur

Ariel Anbar et al. (2007). »A Whiff of Oxygen Before the Great Oxidation Event?« *Science* 317, S. 1903–1906.

Andre Bekker et al. (2010). »Iron Formation: The Sedimentary Product of a Complex Interplay Among Mantle, Tectonic, Oceanic, and Biospheric Processes.« *Economic Geology* 105, S. 467–508.

David Catling (2014). »The Great Oxidation Event Transition.« *Treatise on Geochemistry* (2. Ausgabe) 6, S. 177–195.

T. Martin Embley und William Martin (2006). »Eukaryotic Evolution, Changes and Challenges.« *Nature* 440, S. 623–630.

Laura Eme et al. (2017). »Archaea and the Origin of Eukaryotes.« *Nature Reviews in Microbiology* 15, S. 711–723.

Jihua Hao et al. (2020). »Cycling Phosphorus on the Archean Earth: Part II. Phosphorus Limitation on Primary Production in Archean Oceans.« *Geochimica et Cosmochimica Acta* 280, S. 360–377.

Heinrich Holland (2006). »The Oxygenation of the Atmosphere and Oceans.« *Philosophical Transactions of the Royal Society*, London. 361B, S. 903–915.

Olivia Judson (2017). »The Energy Expansions of Evolution.« *Nature Ecology and Evolution* 1, S. 138.

Andrew H. Knoll et al. (2006). »Eukaryotic Organisms in Proterozoic Oceans.« *Philosophical Transactions of the Royal Society*, London. 361B, S. 1023–1038.

Timothy Lyons et al. (2014). »The Rise of Oxygen in Earth's Early Ocean and Atmosphere.« *Nature* 506, S. 307–315.

Simon Poulton und Donald Canfield (2011). »Ferruginous Conditions: A Dominant Feature of the Ocean Through Earth's History.« *Elements* 7, S. 107–112.

Jason Raymond und Daniel Segre (2006). »The Effect of Oxygen on Biochemical Networks and the Evolution of Complex Life.« *Science* 311, S. 1764–1767.

Bettina Schirrmeister et al. (2016). »Cyanobacterial Evolution During the Precambrian.« *International Journal of Astrobiology* 15, S. 187–204.

KAPITEL 5: TIERREICH

Allgemeine Literatur

Mikhail Fedonkin et al. (2007). *The Rise of Animals: Evolution and Diversification of the Kingdom Animalia.* Johns Hopkins University Press, Baltimore, MD, 344 S.

Richard Fortey (2001). *Trilobite; Eyewitness to Evolution.* Vintage, New York, 320 S.

John Foster (2014). *Cambrian Ocean World: Ancient Sea Life of North America.* Indiana University Press, Bloomington, IN, 416 S.

Stephen Jay Gould (1990). *Wonderful Life: The Burgess Shale and the Nature of History.* W. W. Norton and Company, New York, 352 S.

Weiterführende Literatur

Graham Budd und Sören Jensen (2000). »A Critical Reappraisal of the Fossil Record of the Bilaterian Phyla.« *Biological Reviews* 75, S. 253–295.

Allison Daley et al. (2018). »Early Fossil Record of Euarthropoda and the Cambrian Explosion.« *Proceedings of the National Academy of Sciences*, USA 115, S. 5323–5331.

Patricia Dove (2010). »The Rise of Skeletal Biominerals.« *Elements* 6, S. 37–42.

Douglas Erwin und James Valentine (2013). *The Cambrian Explosion: The Construction of Animal Biodiversity.* W. H. Freeman, New York, 416 S.

Douglas Erwin et al. (2011). »The Cambrian Conundrum: Early Divergence and Later Ecological Success in the Early History of Animals.« *Science* 334, S. 1091–1097.

Pupa Gilbert et al. (2019). »Biomineralization by Particle Attachment in Early Animals.« *Proceedings of the National Academy of Sciences*, USA 116, S. 17659–17665.

Paul Hoffman (2009). »Neoproterozoic Glaciation.« *Geology Today* 25, S. 107–114.

Andrew H. Knoll (2011). »The Multiple Origins of Complex Multicellularity.« *Annual Review of Earth and Planetary Sciences* 39, S. 217–239.

M. Gabriela Mángano und Luis Buatois (2020). »The Rise and Early Evolution of Animals: Where Do We Stand from a Trace-Fossil Perspective?« *Interface Focus* 10, Nr. 4, 2019.0103.

Guy Narbonne (2005). »The Ediacara Biota: Neoproterozoic Origin of Animals and Their Ecosystems.« *Annual Review of Earth and Planetary Sciences* 33, S. 421–442.

Erik Sperling und Richard Stockey (2018). »The Temporal and Environmental Context of Early Animal Evolution: Considering All the Ingredients of an ›Explosion.‹« *Integrative and Comparative Biology* 58, S. 605–622.

Alycia Stigall et al. (2019). »Coordinated Biotic and Abiotic Change During the Great Ordovician Biodiversification Event: Darriwilian Assembly of Early Paleozoic Building Blocks.« *Palaeogeography, Palaeoclimatology, Palaeoecology* 530, S. 249–270.

Shuhai Xiao und Marc Laflamme (2008). »On the Eve of Animal Radiation: Phylogeny, Ecology and Evolution of the Ediacara Biota.« *Trends in Ecology and Evolution* 24, S. 31–40.

KAPITEL 6: DER GRÜNE PLANET

Allgemeine Literatur

Steve Brusatte (2018). *Aufstieg und Fall der Dinosaurier: Eine neue Geschichte der Urzeitgiganten.* Piper Verlag, München, 414 S.

Paul Kenrick (2020). *A History of Plants in Fifty Fossils.* Smithsonian Books, Washington, D. C., 160 S.

Neil Shubin (2008). *Der Fisch in uns: Eine Reise durch die 3,5 Milliarden Jahre alte Geschichte unseres Körpers.* Fischer Taschenbuch, Frankfurt am Main, 288 S.

Weiterführende Literatur

Jennifer Clack (2012). *Gaining Ground: The Origin and Evolution of Tetrapods.* 2. Auflage. Indiana University Press, Bloomington, IN, 544 S.

Blake Dickson et al. (2020). »Functional Adaptive Landscapes Predict Terrestrial Capacity at the Origin of Limbs.« *Nature* 589, doi.org/10.1038/s41586-020-2974-5.

Else Marie Friis et al. (2011). *Early Flowers and Angiosperm Evolution.* Cambridge University Press, Cambridge, UK, 595 S.

Patricia Gensel (2008). »The Earliest Land Plants.« *Annual Review of Ecology, Evolution and Systematics* 39, S. 459–477.

Patrick Herendeen et al. (2017). »Palaeobotanical Redux: Revisiting the Age of the Angiosperms.« *Nature Plants* 3, 17015, doi:10.1038/nplants.2017.15.

Zhe-Xi Luo (2007). »Transformation and Diversification in Early Mammal Evolution.« *Nature* 450, S. 1011–1019.

Jennifer Morris et al. (2018). »The Timescale of Early Land Plant Evolution.« *Proceedings of the National Academy of Sciences*, USA 115, S. E2274–E2283.

Eoin O'Gorman und David Hone (2012). »Body Size Distribution of the Dinosaurs.« *PLOS One* 7(12), e51925.

Jack O'Malley-James und Lisa Kaltenegger (2018). »The Vegetation Red Edge Biosignature Through Time on Earth and Exoplanets.« *Astrobiology* 18, S. 1127–1136.

P. Martin Sander et al. (2011). »Biology of the Sauropod Dinosaurs: the Evolution of Gigantism.« *Biological Reviews* 86, S. 117–155.

Christine Strullu-Derrien et al. (2019). »The Rhynie Chert.« *Current Biology* 29, S. R1218–R1223.

KAPITEL 7: KATASTROPHEN

Allgemeine Literatur

Walter Alvarez (überarbeitete Auflage, 2015). *T. rex and the Crater of Doom*. Princeton University Press, Princeton, NJ, 208 S.

Michael Benton (2005). *When Life Nearly Died: The Greatest Mass Extinction of All Time*. Thames & Hudson, London, 336 S.

Douglas Erwin (überarbeitete Auflage, 2015). *Extinction: How Life on Earth Nearly Ended 250 Million Years Ago*. Princeton University Press, Princeton, NJ, 320 S.

Weiterführende Literatur

Luis W. Alvarez et al. (1980). »Extraterrestrial Cause for the Cretaceous-tertiary Extinction.« *Science* 208, S. 1095–1108.

Richard K. Bambach (2006). »Phanerozoic Biodiversity: Mass Extinctions.« *Annual Review of Earth and Planetary Sciences* 34, S. 127–155.

Richard K. Bambach et al. (2004). »Origination, Extinction, and Mass Depletions of Marine Diversity.« *Paleobiology* 30, S. 522–542.

Seth Burgess et al. (2014). »High-precision Timeline for Earth's Most Severe Extinction.« *Procedings of the National Academy of Sciences*, USA 111, S. 3316–3321.

Jacopo Dal Corso et al. (2020). »Extinction and Dawn of the Modern World in the Carnian (Late Triassic).« *Science Advances* 6, eaba0099.

Seth Finnegan et al. (2012). »Climate Change and the Selective Signature of the Late Ordovician Mass Extinction.« *Proceedings of the National Academy of Sciences*, USA 109, S. 6829–6834.

Sarah Greene et al. (2012). »Recognising Ocean Acidification in Deep Time: An Evaluation of the Evidence for Acidification Across the Triassic-Jurassic Boundary.« *Earth-Science Reviews* 113, S. 72–93.

Pincelli Hull et al. (2020). »On Impact and Volcanism Across the Cretaceous-Paleogene Boundary.« *Science* 367, S. 266–272.

Wolfgang Kiessling et al. (2007). »Extinction Trajectories of Benthic Organisms Across the Triassic–Jurassic Boundary.« *Palaeogeography, Palaeoclimatology, Palaeoecology* 244, S. 201–222.

Andrew H. Knoll et al. (2007). »A Paleophysiological Perspective on the End-Permian Mass Extinction and Its Aftermath.« *Earth and Planetary Science Letters* 256, S. 295–313.

Jonathan L. Payne und Matthew E. Clapham (2012). »End-Permian Mass Extinction in the Oceans: An Ancient Analog for the Twenty-First Century?« *Annual Review of Earth and Planetary Science* 40, S. 89–111.

Bas van de Schootbrugge und Paul Wignall (2016). »A Tale of Two Extinctions: Converging End-Permian and End-Triassic Scenarios.« *Geological Magazine* 153, S. 332–354.

Peter Schulte et al. (2010). »The Chicxulub Asteroid Impact and Mass Extinction at the Cretaceous-Paleogene Boundary.« *Science* 327, S. 1214–1218.

KAPITEL 8: DER MENSCH

Allgemeine Literatur

Sandra Diaz et al., Hrsg. (2019). Zwischenstaatliche Wissenschafts-Politik-Plattform zu Biodiversitäts- und Ökosystem-Diensten (IPBES), Zusammenfassung des Gesamtbewertungsberichts für die Entscheidungsträger der Zwischenstaatlichen Wissenschafts-Politik-Plattform zu Biodiversitäts- und Ökosystem-Diensten. IPBES-Sekretariat. https://ipbes.net/global-assessment-report-biodiversity-ecosystem-services.

Yuval Noah Harari (2015). *Eine kurze Geschichte der Menschheit.* Random House, München, 528 S.

Louise Humphrey und Chris Stringer (2019). *Our Human Story.* Natural History Museum, London, 158 S.

Elizabeth Kolbert (2014). *Das sechste Sterben: Wie der Mensch Naturgeschichte schreibt.* Suhrkamp Verlag, Berlin, 312 S.

Daniel Lieberman (2013). *Unser Körper: Geschichte, Gegenwart, Zukunft.* Fischer Taschenbuch, Frankfurt am Main, 560 S.

Mark Muro et al. (2019). »How the Geography of Climate Damage Could Make the Politics Less Polarizing.« Brookings Institution Report. https://www.brookings.edu/research/how-the-geography-of-climate-damage-could-make-the-politics-less-polarizing. (Siehe auch *The Economist*, 21. September 2019, S. 31–32.)

Callum Roberts (2007). *The Unnatural History of the Sea.* Island Press, Washington, D. C., 435 S.

Weiterführende Literatur

Jean-François Bastin et al. (2019). »Understanding Climate Change from a Global Analysis of City Analogues.« *PLOS One* 14(7), e02175 92.

Glenn De'ath et al. (2012). »The 27-Year Decline of Coral Cover on the Great Barrier Reef and Its Causes.« *Proceedings of the National Academy of Sciences*, USA 109, S. 17995–17999.

Sandra Diaz et al. (2019). »Pervasive Human-driven Decline of Life on Earth Point to the Need for Transformative Change.« *Science* 366, S. eaax3100, doi:10.1126/science.aaw3100.

Rudolfo Dirzo et al. (2014). »Defaunation in the Anthropocene.« *Science* 345, S. 401–406.

Jacquelyn Gill et al. (2011). »Pleistocene Megafaunal Collapse, Novel Plant Communities, and Enhanced Fire Regimes in North America.« *Science* 326, S. 1100–1103.

Peter Grant et al. (2017). »Evolution Caused by Extreme Events.« *Philosophical Transactions of the Royal Society*, London. 372B, S. 20160146.

Ove Hoegh-Guldberg et al. (2019). »The Human Imperative of Stabilizing Global Climate Change at 1.5 – C.« *Science* 365, S. eaaw6974.

Paul Koch und Anthony Barnosky (2006). »Late Quaternary Extinctions: State of the Debate.« *Annual Review of Ecology Evolution and Systematics* 37, S. 215–250.

Xijun Ni et al. (2013). »The Oldest Known Primate Skeleton and Early Haptorhine Evolution.« *Nature* 498, S. 60–64.

Bernhart Owen et al. (2018). »Progressive Aridification in East Africa over the Last Half Million Years and Implications for Human Evolution.« *Proceedings of the National Academy of Sciences*, USA 115, S. 11174–11179.

Felisa Smith et al. (2019). »The Accelerating Influence of Humans on Mammalian Macroecological Patterns over the Late Quaternary.« *Quaternary Science Reviews* 211, S. 1–16.

John Woinarski et al. (2015). »Ongoing Unraveling of a Continental Fauna: Decline and Extinction of Australian Mammals Since European Settlement.« *Proceedings of the National Academy of Sciences*, USA 112, S. 4531–4540.

Bernard Wood (2017). »Evolution: Origin(s) of Modern Humans.« *Current Biology* 27, S. R746–R769.

INDEX